算数の発想

人間関係から宇宙の謎まで

小島寛之

Kojima Hiroyuki

1060

NHK BOOKS

NHK出版【刊】

Printed in Japan

［章扉デザイン］宮口　瑚
［章扉イラスト］丸山ゆき
［協力］白鳳社

はじめに――プリミティブな発想からダイナミックな思考へ

2006年4月に、ラジオ局J－WAVEの番組「Growing Reed」にゲストとして出演した。テーマは「数学は役に立ちますか」。パーソナリティはあのV6の岡田准一さんだった。岡田さんはアイドルとは思えないほど、高飛車なところがみじんもなく、好感のもてる健やかな青年で、筆者は1時間のトークを心から楽しむことができた[1]（参考文献(1)のHPで詳細な内容が読める）。

岡田さんと話して驚いたことがあった。彼は、算数や数学というものを、「先生が問題を作って、答えが初めから用意されている決まり事」だと思っていた、というのだ。これは岡田さんだけでなく、多くの人の率直な気持ちだろうと思った。だから筆者は岡田さんに、「数学の発展の仕方は、国や時代や文化によって違うし、何より、数学は今も進歩している」と話してみた。このとき岡田さんは、本当に驚いたようで、彼の瞳は少年のような好奇心の輝きに満ちた。それで筆者はここぞとばかり、「算数や数学の考え方というのは、必ずしも学校でテストをクリアするためだけのものではなく、むしろ、日常生活や人間関係から宇宙の謎まで、いろいろなところで出てくる柔軟なもの。そういう人類の文化であり資産であるから、せっかく人間に生まれてきたのに理解しないで死んでいくのはもったいない」というようなことを力説した。そのことばを聞いたときに、うなりながらのけぞった岡田さんの姿は今でも目にやきついている(もちろん、美形だから、ということも否めないのだが)。アイドルとして感覚の鋭い岡田さんは、このことばだけですべてを悟ってくださったようだった。

この本は、岡田さんと同じような先入観をもっている人に、算数の魅力をアピールする本である。つまり、算数の問題をいろいろ取り上げ、その解法に潜む特有の発想を楽しんでもらう本なのである。取り上げた問題のほとんどは、実際の中学入試問題である。算数というのは、小学校固有の教科であり、中学以降は数学と呼ばれるようになる。本書は、算数と数学が名前だけではなく、本質的に違う発想をもつ分野であることをあきらかにする本だ。ただ、ぱらぱらとページをめくってもらえばわかると思うが、算数の問題を「解けるようになる」ことが目標というわけではない。

では、いったいどんな本か。

この本は、**「算数の素朴でプリミティブな発想」が、実は先端科学のものの見方、考え方に通ずるものであることを**、いろいろな分野から例をとって解説した本である。どの章でも、算数の「なんとか算」からスタートして、あれよあれよという間に、先端科学の成果に飛んでいってしまう仕掛けになっている。紹介される科学は、物理学、経済学、数学、統計学、ゲーム理論、とバラエティに富んでいる。

算数の発想は、**人間関係や社会現象、宇宙の謎までを解明する人間にとってもっとも本質的な思考法**である。数学がわからなくとも、数学を理解する手間をショートカットして、算数だけで理解できる先端理論がある。というか、**数学を経由しないほうが、むしろわかりやすい分野があるのだ。**本書では、そういう分野を思いつくだけ集めた。

序章では「算数の発想とは何か」をやや分析的に述べた。第Ⅰ部にあたる1〜3章では、私たちを取りまく大自然から宇宙までのイメージを一変させるようなネタを集めた。第1章では「旅人算」から宇宙が膨張する話へ、第2章では「ガウス算」から環境問題の話へ、第3章では「相似」から複雑系の話へ、といった具合だ。第Ⅱ部にあたる4〜6章では、私たちの社会の複雑でヤッカイな仕組みを読みとくための発想を紹介する。第4章では「仕事算」から日本の景気停滞＝「失われた10年」の話へ、第5章では「数え上げ」からエントロピーの話を経由して格差社会の解明に向かう。そして、第6章では「集合算」から利益分配問題の話へ、といった具合である。

本書で筆者の話を聞いたみなさんが、算数に対する印象を改め、「算数の発想」というメガネをかけて、世界のファンタスティックなあり方を楽しむことができるようになれば嬉しい。

目次

第2章　「ガウス算」から環境問題へ──グラフをさかさまに見る発想

序章●個別的思考とフィクション感覚——「算数の発想」とは何か

算数へのネガティブなイメージ

読者のみなさんは、算数と聞くと、どんなイメージが心に浮かぶだろうか。ある人は、「ややこしい計算」を思い出すかもしれない。また、別の人は、「三角形や円などの図形」を頭に浮かべるかもしれない。さらには、「なんとか算」ってのがいろいろあったな、とため息をつく人もいるだろう。

教育に関するアンケート調査を参考にすると、子供は小学校低学年の頃までは、おおむね算数が好きであるようだ。確かに、現在小学校低学年の息子を観察していても、算数は楽しい科目のように見える。しかし、小学校高学年になるにしたがって、算数につまずく子供がしだいに多くなるそうだ。

このときのつまずき方は人それぞれらしい。ある子供は、分数の掛け算割り算あたりからアレルギーを発症するし、別の子供は、文章を読解しなければならない「なんとか算」でギブアップする。もちろん、算数は好きだったが、中学で数学と名前が変わり、文字式や関数が出てきてからダメになった人や、高校のサイン・コサインあたりから離脱した人も少なくない。

どの段階であっても結局数学を放棄してしまった人の多くには、算数に対する苦い思いが残るようである。それは、「算数なんて勉強して、いったい何の役に立つのだ」という思いである。

数学が得意な人は算数をどう思うか

では、他方、運良く最後まで数学と良好な関係を保ち、理系の職業に就いたにせよそうでないにせよ、数学は得意という気分で学校生活を終えることができた人の、算数に対する印象はどうだろうか。

これははっきり統計を取ったわけではなく、筆者が何人かの友人との会話から感じた印象論にすぎないのだが、これらの人びとは算数をさほど重要な位置にあったものとは感じていないようだ。その理由を推察すると、次のようになろう。

算数の「なんとか算」のような問題、つまり、つるカメ算、旅人算、過不足算、和差算、などは中学の数学になると、方程式によってすべて統一的に解けてしまう。したがって、数学になじむことのできた学生は、もう算数の発想自体には興味がなくなり、むしろ普遍的な操作性をもつ代数学や微積分学に関心が移っていったのだろう。これは格好よくいうと、**「個別性」から「普遍性」への関心領域の転換が起こった**、ということである。だから、その後、数学と良縁を結んだ人の算数に対する思いは、よくて「楽しいパズル」、悪い場合は、やはり「算数なんて勉強して、いったい何の役に立つのだ」というものになる。

算数と数学の違い――個別性と普遍性

小学校の算数の発想が「個別的」で、中学以降の数学の発想が「普遍的」だということを具体例から説明してみよう。

たとえば、和差算というのがある。「兄と弟のおこづかいの和は1000円、差は400円である。それぞれのおこづかいはいくらか」といった問題だ。また、つるカメ算というのがある。「つるとカメが合わせて10匹いて、足の本数を合わせると38本のとき、それぞれ何匹か」という問題である。算数では、この二問の解き方はまったく別のものになる。前者の和差算では、1000円から400円を引き算する。すると結果である600円は弟のおこづかいの2倍になることが図からわかる。

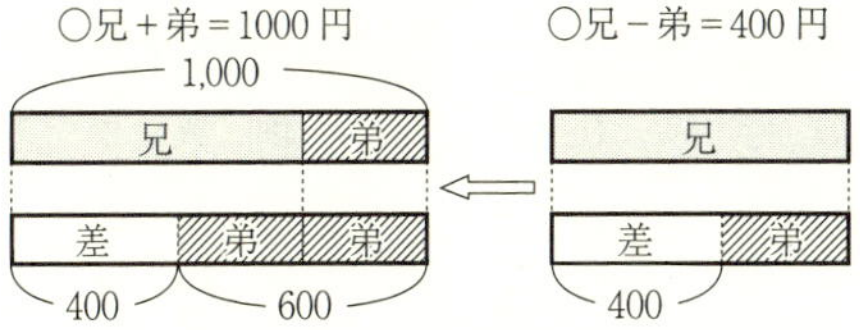

したがって、弟のおこづかいは600÷2＝300円となり、兄のおこづかいは1000－300＝700円とわかる。

それに対して、後者のつるカメ算の解き方では、「仮にすべてがカメだと仮定しよう」と考えることがポイントになる。仮にすべてカメだとすると、足の数は4×10＝40本のはずである。しかし、実際の足の本数が38本だから、2本足りない。つまり、「すべてがカメ」という仮定が間違っていたことがわかる。そればかりではなく、そのことからつるが1匹いることもわかり、答えはつるが1匹、カメが9匹となる。

算数がこのように、問題に応じて個別的に解くのに対し、数学では、どちらも方程式を立てて解く。前者は兄、弟のおこづかいをそれぞれx円とy円とすれば、x＋y＝1000, x－y＝400という連立方程式が立式できる。後者はつるをx匹、カメをy匹とすれば、x＋y＝10, 2x＋4y＝38という連立方程式を立式できる。そして、どちらの連立方程式も、「一方の文字を代数的操作で消去する」という方法で解くのである。このように、数学においては、両者の解法には別にこれといった個性は存在しない。方程式に翻訳し、それを決まった手続きで解く、という機械的操作が存在するだけなのである。

数学が得意ないし好きであった人の多くは、このような「方程式による普遍的解法」を学んだとき、数学の威力に魅惑された経験をもち、算数に関する思いを教育課程上の一過性のものと始末することになったに違いない（少なくとも筆者はそうであった）。

算数の根本には先端科学の発想がある

ところが、ここに算数に対する大きな誤解、見落としがある。**むしろ、算数の発想にこそ、さまざまな科学の思考法の原点のようなものが根づいているのである。**成人してから、理数系と無縁な生活をしている人は当然として、理数系を利用するような職業に就いている人でも、このことに気づいている人は少ないだろう。では、算数の解法のなかには、先端科学のどのような発想法が潜んでいるのだろうか。

科学における発見の背後には必ず、「世界をどう見つめているか」という**発見者の「特有の視線」**がある。これは多くの学者が経験することだが、ある法則が見つかるとき、「これを計算すれば法則が示されるぞ」と思っている段階ではすでに、本人の直感のなかではその法則は確信にいたっているものなのである。式を計算するのは、もう、本人にとっては確認の作業にすぎない。

昔観たアインシュタインの伝記映画『ハローアインシュタイン』のなかに、こんなシーンがあった。

アインシュタインは、助手の学者に計算の指示を出して、自分はヨットに乗って遊んでいる。ひとしきりヨット遊びをして戻ってきたアインシュタインに、助手が「先生のいった通りになりません」と計算結果を示す。するとアインシュタインは、その計算をろくに見もしないで微笑《ほほえ》み、「いやいや、そんなはずはない。自然がそうでないはずはない。もう一度計算してみようじゃないか」とかなんとかいって、またヨットに戻っていくのである。つまり、アインシュタインのなかでは、もう直感的にその結果には始末がついていて、面倒だから計算は助手にやらせているにすぎない、というわけだ。

このような「科学者の直感」というのは、要するに、**世界に対する認識のあり方、信念のもち方のごときもの**である。「自分には世界はこう見える」「世界はこうなっていてほしい」「世界はきっとこうなっているに違いない」という皮膚感覚のようなものだといっていい。そういう世界を認知する「第六感」みたいなものは、日常をいろいろな角度から眺め、いろいろな経験をすることからやってくるものである。それは「個別的」であり、「普遍的な操作性」とは別種のものだ。まさに数学以前の、算数の発想のなかにこそ結晶しているもの、そう思える。

旅人算の世界観

たとえば、有名な算数の問題形式である、「旅人算」のことを考えてみよう。

旅人算というのは、先に出発した人のあとを遅れて出発した人が追いかけるという状況で、おのおのの速度と出発の時間差が与えられたときに、追いつく時刻とか場所とかを求める。そういうタイプの問題だ。詳しくは第1章で解説するから、そちらを読んでいただきたいが、この解法の背後にあるのは**「相対速度」という特別な「ものの見方」である**。つまり、「仮に自分は動いていないと仮定すれば、相手は自分に向かって近づいてくるように見える」という発想である。こういうふうに見れば、「2人が動く問題」が「1人だけが動く問題」に早変わりする。

しかし、ただそれだけではない。重要なのは、この「相対速度」の発想が、単に算数を解くための巧妙な発想というだけのものではなく、**実際に日常のなかで経験する身近な感覚だ**、ということである。私たちは、電車に乗っているとき、自分が高速で移動している、とは感じない。むしろ、遠くの風景がすごいスピードで近づいてくるように感じる。ところが、このありきたりの経験則を素朴に発展させると、宇宙の謎を解く物理法則に行き着いてしまうのである。それはガリレオ・ガリレイの「慣性の法則」の発見につながり、アインシュタインはこれを「相対性理論」に結晶させた。

つまり、旅人算の単純な発想、素直なものの見方は、「相対速度」を経由して、**宇宙の根源的な法則にまで発展するのである。**

算数のフィクション感覚

算数の解き方にはもう一つ、独特の発想が見られる。それは「フィクションの利用」だ。典型的なのは、さきほどの「つるカメ算」に表れた考え方である。

さきほどの解法では、「仮にみんなカメだとしてみよう」、と考えた。この「仮にみんなカメだとしてみよう」というのは**「フィクション」、つまり「作り話」**にほかならない。しかし、最終的にはこの「作り話」にすぎないものが、真実の答えを導くから非常におもしろいのである。このように、「仮説」＝「フィクション」は、それが正しいものでなかったとしても、ときとして私たちに正解への道しるべを与えてくれる。

よくよく考えてみると、小学生の最重要な二教科である算数と国語の両方に、このフィクションがかかわっているのは注目に値することだろう。

国語では、「物語」というフィクションを読むことによって、人間世界の営みを見つめようとする。現実ではない、「架空の時空での作り話」を観察することで、人間にとって大切な感情である、情、共感、哀感を学ぶというわけだ。

算数と国語の両方におけるフィクションの働きを考えると、人間がものを考える仕組みにおいて、このフィクションというやつが見すごすことのできない重要な働きをしているのだ、ということがわかる。つまり、フィクションは、人間が世界の成り立ちを理解する上で、もっとも重要な道具の一つだ、といっていい。

科学者がよく「夢想家」といわれるのは、この**フィクション感覚**のことだろうと思われる。ところがその「夢想」は、他人からは絵空事のように見えても、科学者本人にとっては、人生観のどこかからやってきたある種の切実なリアリティであり、その学者が世界を見つめるときの**「発想めがね」**のようなものだから、けっしてあなどることはできないのである。

フィクションの効用――ニュートンとハイゼンベルク

思考のなかの「フィクション」というと思い出すのは、ニュートンのことである。

ニュートンが万有引力を発見したときの有名なエピソードとして、「リンゴが木から落ちるのを見て、なぜリンゴは地面に落ちるのだろうと考えた」ということが語り継がれている。しかし、これはそのエピソードを正確には伝えていない。これに続きがあることはあまり知られていないようだ。本当のニュートンの疑問はこうだったのだ。「リンゴは木から地面に向かって落ちる。では、なぜ、月は地面に落ちてこないのだろう」

ニュートンの思考は、ここでフィクションに転じた。「仮に月も地球に向かって落ちているとしよう」、ニュートンはそう考えた。そしてひらめいたのは、「月はリンゴと同じに、地面に向かって落ちてはいるのだ。ただしその一方で、地面と平行に進んでもいる。その速度が絶妙につりあって、地球の周りをぐるっと回ってしまうのではないだろうか」ということ。この素朴な発想を計算に移すと、ニュートンの力学方程式が得られることになる。

また、20世紀の天才ハイゼンベルクが不確定性原理を思いついたときのエピソードも有名である。ハイゼンベルクは、ミクロの世界での物質のふるまいが力学法則にそむいているように見える問題に悩んでいた。そんなある日ふと、少年時代に親友と交わした会話を思い出す。それはギリシャの哲学者プラトンが論じたプラトン図形（正多面体）に関するたわいない議論だった。つまり、「プラトンは、物質の最小単位を4つの正多面体だと考えた。しかし、プラトンほどの人が、どうして物質を正四面体だとか、正八面体だとか、そんなものだと本気で考えたのだろう」、そんな議論であった。

物理学者になったハイゼンベルクは、少年期のこの「算数的」な疑問を思い出し、それが重要な着想に発展することとなったのだ。彼はこう考えた。「プラトンが言いたかったのは、形そのもののことではなく、ミクロの世界で物質は、質感のあるものというよりは、数学的対象のようなものになる、そういうことだったのではないか」。このときハイゼンベルクの頭を支配したのは、ある種のフィクションなのだと思う。しかしそのフィクションは、彼に自然の真理を教えた。それは、運動するミクロの物質が、もはや私たちの日常感覚から想像される物質とはかけはなれた存在であり、「確率的な波動という数学的対象」になっている、というとんでもない真理だったのだ。ハイゼンベルクはこのように、算数で習う正四面体や正八面体などというプラトン図形から出発して、現代物理学の最高の成果を手にしたのである。

タクシー相乗りでは、支払いをどう分けるか

もっと私たちの日常生活に身近な例をあげてみよう。私たちは、よくタクシーを相乗りする経験をもつ。同じ方向に帰宅する2人が別々にタクシーに乗るより、相乗りして順に回って帰ったほうが、合計の料金が安くなる場合はそうするだろう。問題は、そのとき料金の支払いをどう分担するか、である。2人のときは比較的簡単だ。相乗りで浮いた分を山分けするように支払えばいい。しかし、3人になるととたんにこれは難しい問題となる。

詳しくは第6章で解説するが、この問題に対しては、算数で使われる集合算の発想が解決の糸口を与えるのである。集合算というのは、「サッカー部に属している人」と「野球部に属している人」と「少なくとも一方に属している人」を与え、そこから「両方に属している人」を割り出すタイプの問題である。この解法には**包除《ほうじょ》原理**というものが利用されるが、この原理がタクシー3人相乗り問題を解くかぎになる。

それだけではない。このタクシー相乗り問題は、協力ゲームという分野のなかの一般的な問題に発展させることができ、利益配分の問題から選挙における政党の力学関係までを分析できる強力な道具になるのである。

算数の発想は世界を見る目を豊かにする

以上でわかっていただけたと思うが、算数の発想は、日常生活や人間関係や人生の経験のなかからやってくるさまざまなものの見方を集積したものである。だから逆に、算数の素朴なものの見方、プリミティブなアイデアを知ることは、日常を豊かにし、人生に潤《うるお》いをもたらすだろう。数学のもつ「普遍的な操作性」は、思考や時間の節約という「効率性」、あるいは考え落としや飛躍のない「厳密性」を与えるものかもしれないが、世のなかを眺める楽しみを育むのは、むしろ算数の「個別的な思考」のほうだといっていい。

いろいろ算数について書いてきたが、次の章からはめくるめく算数の発想の世界が具体的に繰り広げられる。これらを読んだ読者諸氏が、算数の発想を存分に楽しみ、その上で算数を再評価してくださることを望んでやまない。

第Ⅰ部

素朴な発想で、
世界のなりたちを読みとく

第1章●「旅人算」から宇宙論へ——ものごとを相対的に見る発想

旅人算の考え方

入り口となるこの章では、序章でも話題にした「旅人算」をとりあげよう。たとえば次のような問題が、旅人算の典型である。

問題

弟が毎分80mの速さで歩いて家を出発してから9分後に、兄が毎分200mの速さで自転車で追いかけました。兄が弟に追いつくのは、家から何mの場所ですか。

（05実践学園）

旅人算とは、このように一方が他方を追いかけたり、両方が向かい合って近づいたりしたときに、「いつ」あるいは「どこで」2人が出会うか、それを解くタイプの問題である。このシチュエーションが、「旅人が別の旅人を追う」「旅人が別の旅人と出会う」ように見えるので、こういう名がついたのだと思う。

解法はシンプルで、一度理解できてしまえば、そんなに奇異なものでもなく、また忘れることはないだろう。要は、２人それぞれの動きに注目するのではなく、「２人の隔たり」の時間変化に注目するのである。

解答

兄が出発した時点で、弟は家から80×９＝７２０ｍのところにいる。これが兄が出発した時点での兄弟の「隔たり」である。弟が１分あたり80ｍ先に進む間に、兄は２００ｍ進むので、２人の隔たりは１分あたり２００−80＝１２０ｍずつ縮んでいくことになる。したがって、最初の時点での隔たり７２０ｍが完全に解消されるのには、７２０÷１２０＝６分かかる。このあいだに兄は、２００×６＝１２００ｍ進むので、追いつく場所は、家から１２００ｍの場所である。

以上が、「旅人算」の解法だ。おなじみの解法なので、小学校で教わったときの記憶がよみがえった読者も多いのではないかと思う。この解答文では、兄弟の距離の「隔たり」が時間を追って食いつぶされていき、それが完全になくなるまでの時間を割り算で一気に計算する、という方法をとった。しかし、この発想は、見方を変えると、物理学における非常に重要な発想に早変わりするのである。

「仮に自分が止まっているとみなすと相手の動きがどう見えるか」

自分は止まっている、と仮に想定し、その上で相手の移動を見直すわけである。そうすると、自分が相手を追っているにもかかわらず、**相手が自分に近づいてくるように見える**。このとき、相手の移動速度は、現実の移動速度から自分の移動速度を引き算したものになる。このような「自分を常に基点にして見た」相手の運動の速度を、**「相対速度」**と呼ぶ。

現実には自分も動いているわけだから、相対速度というのはフィクションにすぎない。だからこそにおいても、「フィクションの世界にいったん視点を移す」ことによって、算数の問題が鮮やかに解ける仕掛けになっているわけだ。

旅人算を中学生の観点から見直せば

旅人算を中学生が解くならば、次のように1次方程式を利用するのが一般的だろう。

1次方程式による解答

兄が出発してからx分後の2人の家からの距離を計算する。

弟は、最初に家から離れていた距離80×9＝720mに分速80mで新たに進んだ分の距離80xを加えて、720＋80xだけ家から離れた距離にいる。一方、兄は分速200mで進んだ分200xの距離だけ家から離れたところにいる。兄が弟に追いついた時間がxであるなら、こ

の720＋80ｘと200ｘは同じ距離になるはずだ。したがって、兄が弟に追いつく時間を知るには、次の方程式

$720+80x=200x$ ……①

を解けばよい。まず、80ｘを左辺から右辺に移項しよう。

$720=200x-80x$ ……②

次に、同類項にあたる200ｘと80ｘの引き算を実行する。

$720=(200-80)x$ ……③

$720=120x$ ……④

最後は、両辺を120で割り算すればよい。

$x=720\div120=6$ ……⑤

これでｘ＝6分後に追いつく、ということが求められた。追いつく場所は、

$200\times6=1200$ m

の場所である。

さて、この解き方にはどのような意味があるだろう。解答を算数のものと比べてみよう。そう、観察力の優れた読者なら、きっと次の事実を見抜いたに違いない。

「実際には、旅人算の解法と同じ計算が行われている」

注目すべきは、③と④のプロセスなのだ。確かにここで、旅人算のときの「兄から見て弟が近づいてくる相対速度」200－80が計算されている。さらには⑤でも「相対速度で最初の隔たりを割る」という旅人算と同じ計算が見てとれる。これを眺めてみれば、「なーんだ、結局は、旅人算と同じ解法だ」と思うことだろう。

しかし、このことは「2つの解答を見比べてみたからわかった」のだということを忘れてはならない。実際、①~⑤の1次方程式の解法を見ているだけで、そこに「相対速度による割り算」が現れていると気づく人は少ないだろう。これは算数の発想を知っていたからこそ、気がついたことなのだ。

実際、1次方程式の解法に相対速度が現れるのは単なる偶然だといってもいい。①から②へのプロセスで、「80xの項を移項する」という変形をする理由は、実のところ、相対速度を求めたいからではない。「わからないxという文字を含んだ項が複数あるとxを具体的に求めることができないので、xの項を減らして1つにするために」移項をしたのである。同じ辺(この場合は右辺)にあれば、「同類項の計算」によってxを1つにまとめることができるからだ。これは、単なる「方程式を解くテクニック」にほかならない。序章で解説したように、「機械的操作」の一環である。けっして、相対速度というフィクションを利用しようとするたくらみではない。

これこそ算数のもつテツガクなのである

1次方程式で解く「機械的操作」にも、旅人算の発想が潜在していることがわかった。つまり、旅人算の発想は、単なる問題解きのテクニックということを超えて、何か普遍的なものの見方を含んだものだということができるだろう。おおげさにいうと、ここには哲学がある。数学や物理学やそのほかの数理科学には、その科学の発想として表れる特有の考え方がある。それは**「分析的思考」**などと呼ばれる。俗には「柔らか頭」といわれているものだ。

分析的思考は、おおよそ単純で原始的な考え方であり、数理科学というジャンルでは、それらは発想の基盤になっているとはいえ、たいてい「数式を操作する機械的な計算」のなかに封じ込められてしまうのが常である。この例でいえば、「相対速度」という分析的思考が、移項と同類項の差という機械的操作に置き換えられてしまうことになる。

このことは、数式操作の利点でもあり欠点でもある、といえる。数式操作は、「柔らか頭の見方」というのを不要にしてくれる。**脳に汗をかかなくても、決まりきった手続きで結果を出してくれる。**それが利点だ。しかし、逆に、**それは世界の成り立ちを知るための分析的思考を隠してしまう。**そういう欠点も備えているのである。

ちょっとおもしろい応用問題

ついでに、旅人算を応用する最高級の問題を紹介しておこう。チェルニャークとローズの『ミンスクのにわとり』(2)というパズルの本に見つけたユニークな問題である。この本は、ＭＩＴでの教育プログラムにおいて使われた問題を集めた問題集。しかも、その問題が、かつてのソビエト連邦で伝統的に蓄積されてきたものだというのも歴史の皮肉を感じさせる。

問題：コサック騎兵のヤギ狩り

コサック騎兵の練兵のうちでも、投げ縄の訓練は大切なものである。これで動物を捕獲するのだ（人間の場合もある！）。しかし訓練は共産党の管理下にあるので、少し統制がうるさい。そこで図を見てもらいたい。騎兵（Ａ）は党書記の命令で、いま待機中の道から外れることは許されない。この道はまっすぐな道で、騎兵の馬は一定の速度でここを走る（馬も党の一員なのだ）。この騎兵は、この道と交差するまっすぐな道で、逃亡中のヤギ（Ｂ）を発見する。このヤギもかつては党の一員だったので、一定速度で走る。さて、騎兵の投げ縄の長さはどのくらい必要か。つまり、騎兵とヤギとの最短距離を求めてもらいたい。ただし、騎兵はＡ地点からスタートし、速度はｕ、ヤギはＢ地点からスタートし、速度ｖとする。

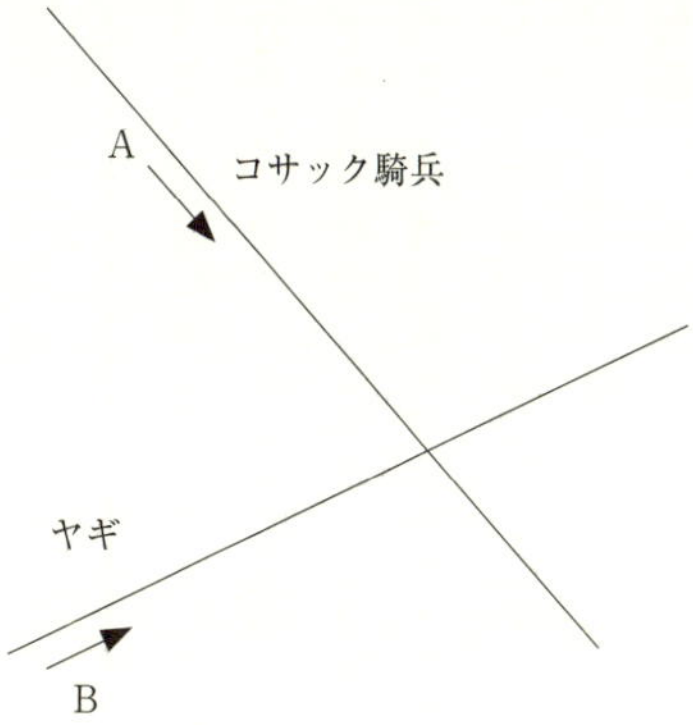

（原辰次・岩崎徹也訳『ミンスクのにわとり』35ページより）

いま、問題を読んで、失笑している読者も多かろう。この本では全編にわたって、共産党や党書記やら、今となっては歴史的存在でしかないことばが乱発される。ソビエトという国家はなくなってしまったが、このような体制の国が日本ととんでもない摩擦を引き起こしている現状もあり、このままでは、何か余計な生々《なまなま》しさに惑わされそうなので、とりあえず政治臭さを消すためにも、問題をアレンジすることにする。

問題

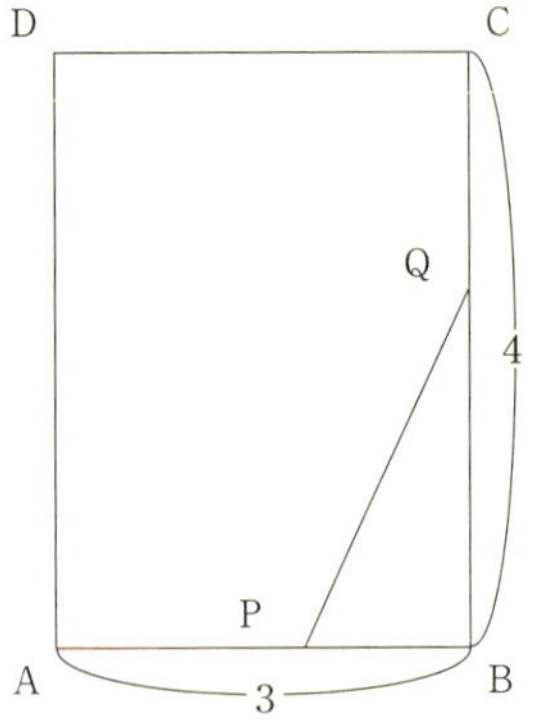

長方形ABCDにおいて、AB＝3、BC＝4である。いま、Pさんは A地点を、Qさんは B地点を、同時に出発し、Pさんは AB上を Bに向かって、Qさんは BC上を Cに向かって一定速度で進み、1分後に同時にそれぞれ B、Cに到着した。この途中で、PさんとQさんの距離がもっとも近くなったとき、その距離PQはいくつか。

この問題では、道が直交するという条件を加え、コサック騎兵とヤギを点PとQに変更し、具体的に速度を与えただけで、コサック騎兵の問題と本質的なところは変わっていない。

『ミンスクのにわとり』秘伝の解答を紹介しよう。もちろん、旅人算の原理、つまり「相対速度」を使うのである！

解答

AからBへ向かう方向を東、BからCへ向かう方向を北と呼ぶことにする。いま、Pさんは東へ分速3で、Qさんは北へ分速4で移動しているわけである。ここでいま、Pさんの立場になって、「自分は動いていない」とみなし、Qさんの移動がどう見えるかを分析することにする。

Qさんは、北に分速4で移動する一方で、Pさんに向かって（つまり西に）分速3で近づいてくるので、Pさんからは図1―1のように太い矢印の方向（北と西のあいだの方向）に分速5で移動しているように見える。

これがまさに相対速度である（ピタゴラスの定理が使われてしまっているが、小学生も3、4、5の直角三角形は知っているのでご容赦あれ）。

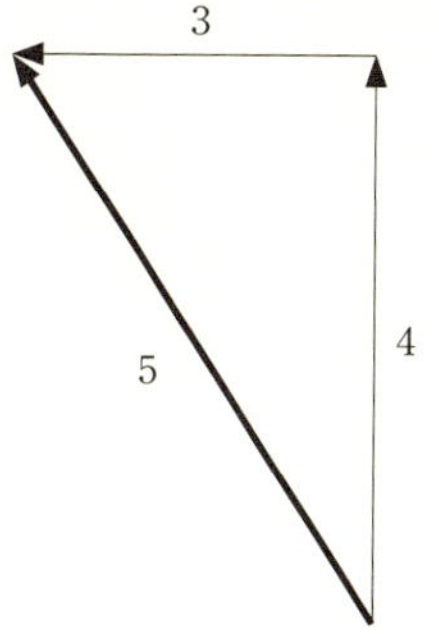

図1―1

したがってPさんからは、Qさんの動きは、図1―2のように横3、縦4の長方形の対角線をEからFに向かって移動しているように見えることになる。

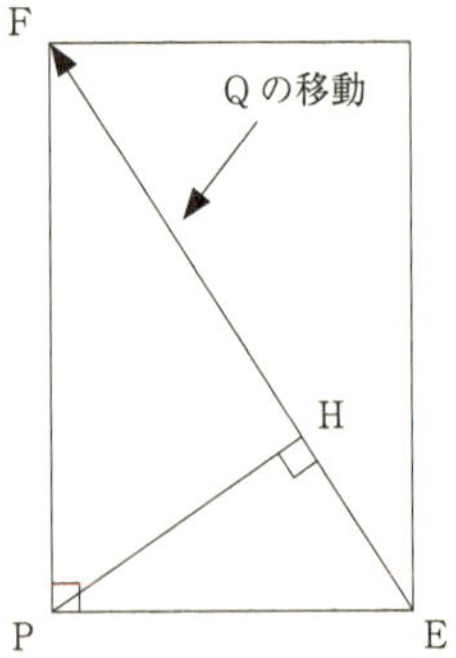

図1―2

だから、PさんとQさんがもっとも近づくのは、PからEFに下ろした垂線の足HにQさんが来たときである。そのときの距離PHは三角形HEPが三角形PEFと相似三角形であること、すなわちPE：PH＝5：4を利用すれば、

$$PH=PE\times\frac{4}{5}=3\times\frac{4}{5}=\frac{12}{5}$$

と求められる。

（騎兵の問題のほうは、今はなきソ連国民になったつもりで、読者各自が考えてください。）

旅人算から物理学へ

さて、もう一度繰り返すと、旅人算の発想というのは、「自分は動いていない」とばかり自分を世界の中心に置いて、相手の移動速度を相対速度としてとらえることであった。この発想によって、「二者が動く問題」が、「一者だけが動く問題」に置き換わり、解くときの思考のコストを著しく削減してくれることになる。しかし、それだけがこの発想の御利益ではないのだ。実はこの相対速度とは、先述したように、物理学においてもっとも重要な発想の一つだ。さらにいえば、**相対速度をはじめとする「相対的なものの見方」というのは、物理学の発展において、欠かすことのできない発想なのである。**

たとえば、地球からは天体全体が地球を中心に回転運動しているように見える。これが真実かどうかについて長い議論がなされてきた。私たちの見る天体の運動は、「自分たちが静止していると仮に想定した」ときの相対運動にすぎない。本当は「地球が動いている」のであってもいい。これはみなさんもよくご存じのように、「天動説」と「地動説」の壮絶なバトルに発展し、地動説を唱えたがために火あぶりにされた人まで出たほど「危険な問題」だったのだ。

物理学では、このような「相対性」の問題は、天文だけにとどまらず、物理学全体を飲み込むようなもっとも重要なものの見方、いってみれば「思想」にあたるものだ。そのあれこれを、このあと順を追って解説していこう。

救急車のサイレンの音程が変わるわけ

物理学において、「相対運動」とか「相対速度」の見方が威力を発揮する代表的な例として、まずは有名な**「ドップラー効果」**を紹介しよう。

救急車など音を発する運動体が近づいてきて、通り過ぎ、やがて遠ざかっていくとき、サイレンなどの発生音が音程変化することはご存じだろう。救急車が通り過ぎたとたん音程が低くなるのである。このように移動する音源から聞こえる音が音程を変える現象は、「ドップラー効果」と呼ばれ、物理学者ドップラーによって検証されたものである。

なぜこのような現象が起きるのかを簡単に説明しよう。

周知の通り、「音」というのは、「空気が振動する」現象である。気体である空気が前後に伸びたり縮んだりしながら、その伸縮が四方八方に伝わっていく。その空気の伸縮が、最終的には耳の鼓膜を揺らして（太鼓の皮が震えるのを想像してもらえればいい）、それが音として認知される仕組みである。ちなみに音は、空気中を秒速３４３メートル（気温20℃のとき）で伝わるが、これはおおよそ分速20キロメートル程度だ。

このとき聞こえる音の「音程」は、振動数、つまり1秒間に何回震えるかに依存して決まる。たとえば、１秒間に４４０回震えると、「真ん中のラ」の音となる（４４０ヘルツであり、これが音叉《おんさ》の基準音であることは、楽器をやっている人なら誰でも知っているはずだ）。そして、振動数が多くなると高い音に聞こえ、少なくなると低い音に聞こえるのである。

以上をふまえた上で、救急車が通り過ぎるときに音程が変化する理由を、旅人算の観点から、かいつまんで説明することにしよう。

あなたはこれからずっと一定の場所に静止していると仮定する。また単純化のためサイレンの音程はとりあえず４４０ヘルツ（1分間に60×４４０回振動する）としておこう。

まず、救急車が止まったままサイレンを鳴らしている場合。この場合は、空気中を1分間に60×440回振動する音が分速20キロであなたのところにやってくる。この振動はあなたの鼓膜を1分間に60×440回振動させるので、あなたには440ヘルツの音がそのまま聞こえることになる。これが通常の状態だ。

では、救急車があなたに向かって分速1キロ（時速60キロ）で近づく走行をしながら、同じ440ヘルツの音を鳴らしたらどうなるだろうか？　音が空気中を伝わる速度はあいかわらず分速20キロなので何も変化がないように思えるが、そうではない。それは次のように考えるとわかる。

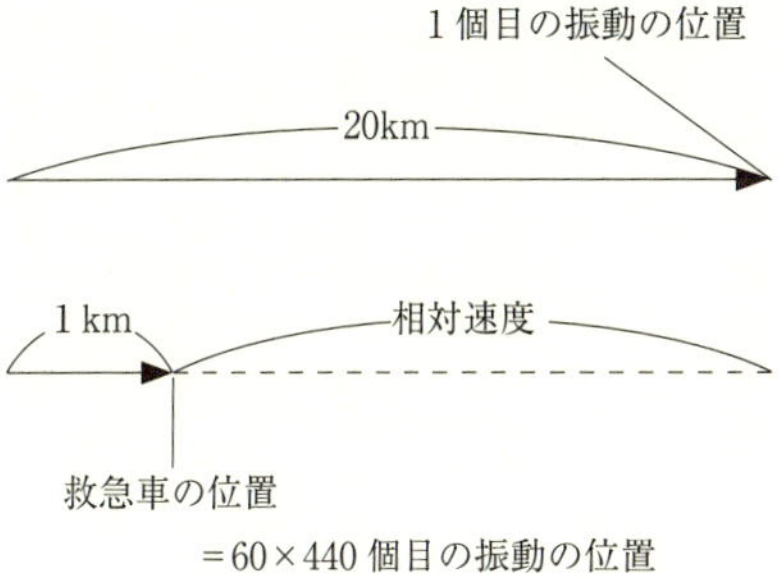

図1—3

救急車のサイレンが1分間に与える60×440回の振動は、どう伝わっていくだろうか。1個目の振動があなたに向かって発せられてから60×440個目の振動が発射されるまで1分間ある。この1分のあいだに1個目の振動はそれが発射された地点から20キロ（音の分速）だけあなたに近づいているはずだろう（音は四方八方に広がるが、あなたに近づく音だけを問題にする）。ところで救急車もこの1分のあいだに（1個目の振動を追って）1キロ進んでいるから、60×440個目の振動が発射された場所は1個目の振動がその瞬間にいる場所より20－1＝19キロ後方ということになるはずだ（図1―3）。ここに相対速度が現れていることがおわかりになるだろう。救急車が止まっている場合は、単に音の速度（1分間に進む距離）に対して60×440回の振動を与えているが、救急車が走っている場合は、救急車から見た音の相対速度に対してそれを与えることになる。

この60×440個の振動はすべて（音速の）分速20キロで伝わってくる。踊りながら行進する60×440人からなる長さ19キロの隊列を想像するとわかりやすいだろう。隊の1人が1個の振動を意味する。あなたのところにこの隊列の先頭が到着し、末尾が通過するまでのあいだ、あなたにサイレンの音が聞こえるわけだ。あなたのもとをこの長さ19キロメートルの60×440人の隊列が通過するには、1分かからないだろう。1分間では分速にあたる20キロメートル分の隊が通過できるからだ。

ここが、救急車が静止している場合と根本的に異なる点なのだ。隊列の分速は20キロだから、1分間では60×440人よりも多く、60×440×(20／19)人分の隊が通過することだろう。つまり、あなたの耳が1分間に受け取る振動は60×440回ではなく、60×440×(20／19)＝約60×463回となる。ということは、1秒間には約463回となり、あなたの耳は、近づく救急車の音の音程を約463ヘルツと認識することになるのだ。これはあきらかに440ヘルツより大きい数だから、あなたには「ラ」の音よりも高い音が聞こえることになる。

ドップラー効果と相対速度

以上がドップラー効果の原理だが、これをもう一度「相対速度」の観点から整理することにしよう。

救急車は止まっていようが動いていようが、1秒間に440回の振動を空気に与えることに変わりはない。しかし、救急車が分速vキロであなたに向かって進んでいる場合、「仮に救急車が止まっているとみなした」とき、発射される音の相対速度は分速20－vとなるから、救急車はあたかも「分速20－vキロという速度の遅い音に対して60×440回の振動を与えている」ようになる。ところが、この音は静止しているあなたにとって分速20キロのままだから、あなたからは、あたかも「救急車が空気に対して1分間に60×440回よりも多い振動を与えている」ように観測されることになるのだ。

これが理解できれば、逆に救急車が走り去るときのことも簡単に解明できるだろう。分速vであなたから遠ざかる救急車に対して、あなたに近づく音の相対速度は20＋vとなるから、聞こえる音の音程は、20／(20＋v)倍となり、実際の440ヘルツよりも低い音になるというわけだ。

実は、このような音程変化は、逆のケースでも生じる。たとえば、救急車が止まったままサイレンを鳴らしていて、あなたが自動車に乗って移動している場合である。つまり、音源が静止していて、観測者が移動している場合にドップラー効果が生じるのも、容易に推理できるだろう。

ドップラーの実験

このような音程変化の現象を初めて検証したのは、先述したようにクリスチャン・ドップラーという物理学者だった。彼は１８４２年に音程変化に関する計算式を発見し、その2年後にオランダでユニークな実験を行って、これを検証したのだった。

ドップラーは、機関車に貨車を引っぱらせ、速度を変えてそれを何度も行ったそうだ。さらに楽しいことには、貨車の上でトランペット奏者にトランペットを吹かせた。そして、正確な音程を聞き分けることのできる音楽家に、地上で機関車が近づいたり遠ざかったりするたびに、その音程を聞き分けさせ、その音の高さを記録したというのだ。この実験によって、ドップラーの公式の正しさは見事に証明されたわけである。

当時は音程を正確に測る機械がなかったので、人間の耳に頼ったわけだが、小さな音程変化も正確に聞き分けることのできる音楽家の「絶対音感」というのはすごいものだと、感心する話である。

光のドップラー効果と宇宙の膨張

さて、実はこのドップラー効果は、おもしろいことに「光」に対しても起きることがわかったのである。

光というのは「物理空間を電磁波の振動が伝わっていく」現象で、その意味では音と同じ現象だといっていい（ただし、音は空気などの「媒質」を伝わるのだが、光にはその「媒質」というものがない。

そのため、光と音は物理的に異なる性質をもつ)。光の場合、その振動数の違いは「色」として認識される。ドップラーは、この「光についてのドップラー効果」についても考察をしたそうだが、残念ながら彼の結論は正しくなかったらしい。これについては、ドップラーの数年後にアルマン・フィゾーという物理学者によって解決されることになった。

物体が近づきながら発光しているときは、同じように振動数が多くなり(これは波長が短くなることを意味する)、もとの色よりも「より青く」観測される。逆に、発光する物体が遠ざかるときには、もとの色よりも「より赤く」観測される。ただ、光のドップラー効果の原因は、音のものとは少し異なっている。光の場合は、「相対性理論」における効果によって起こるのである。あまり詳しくは立ち入らないが、光の場合、どんな観測者からも同じ速度に見える「光速度不変の法則」に従う。したがって、相対速度を考えると少し複雑になる。また、光に近い速度で移動すると時間が遅れる効果も波長に影響するとのことだ。そんなわけで、光のドップラー効果を旅人算の観点から説明することは諦《あきら》め、これが、宇宙についてのとんでもない知見を人類へ与えてくれることになった、という点だけを解説することとしよう。

天体観測の結果、さまざまな天体にこの光のドップラー効果が確認された。しかも、おおその天体は「赤い方向に」色がずれて観測されたのである。どういうことだろうか。これが意味するのは、「地球から見て、ほとんどの天体は遠ざかる方向に移動している」ということだ。それが私たちに示唆するのは何だろうか。

この現象を発見したエドウィン・ハッブルは、「宇宙は一様に膨張している」という衝撃的な主張をした。1929年のことである。つまり、宇宙が有限の大きさであり、それが四方八方(というと語弊があるが)に一様に風船のように膨らんでいっている、というのである。宇宙が膨張しているかもしれないということは、アインシュタインの一般相対性理論からも可能性としては考えられていたのだが、まさかそれが現実の天体観測から本当につきとめられるとは、誰も夢にも思っていなかっただろう。実際、アインシュタインでさえ、宇宙は静止しているものと考えていたそうだ。

宇宙が有限の大きさで今も膨張している、ということをもう一歩つっこんで考えると、「宇宙は、ずっと昔には、粒のように小さかったはずだ」ということもわかる。この広大な宇宙が、最初は粒のように小さかったというのだから、これも衝撃的な話ではないか。

ハッブルは、「膨張の速度」に関する法則もつきとめた。それは、「天体の遠ざかる速度は、ほぼ地球から天体までの距離に比例している」というもので、今では**「ハッブルの法則」**と呼ばれる有名な物理法則として認知されている。

読者のなかには、この「ビッグバン宇宙」の話をどこかで耳にした人も多かろう。ビッグバン宇宙とは、宇宙が膨張しているという仮説を表したものである。この大発見のきっかけになったのが、ドップラー効果であり、しかもその背後にあるのが「相対速度」だ、というのには、けっこう驚かれたことと思う。

次の節に移る前に、このことをネタにした、なかなか気の利いた小咄《こばなし》を紹介しておこう。

警官が自動車を止めてドライバーにいった。「赤信号なのに止まらなかった。信号無視で逮捕する」。するとドライバーはこういいわけした。「すみません。ドップラー効果のせいで赤が青に見えたのです」。すると警官は、許すどころかかんかんになって怒った。

「今のことばは本当だね？　いいかい、赤が青に変わって見えるほどのドップラー効果は、それこそものすごいスピードで信号機に向かって近づかなければ起きないのだぞ。悪質なスピード違反に容疑を切り替えておまえを逮捕する！」

走っている電車でくつろげる理由

さて、みなさんはこんな経験をしたことはないだろうか？　止まっている電車に乗っていて、窓から隣の線路の電車をぼーっと眺めているとき、動き出したのがてっきり隣の電車だとばかり思っていたら、実は自分のほうの電車だった。そんな経験である。

この経験は、二つのことを教えてくれる。第一は、「運動というのは常に相対的なもので、観測していても、運動しているのが自分のほうなのか相手のほうなのか区別するのは難しい」、ということ。第二は、「走っている電車のなかでは、走っていることを認識できない」ということだ。

もちろん、このような状態は、すぐに錯覚だと気がつく。それは、外の風景の樹木や家など、絶対に静止していると判断できるものが動いて見えることから、動いているのは自分のほうだと判断できるからである。私たちが、自分の電車が走っていることを疑わないのは、おおよそ窓から風景を見ている場合だろう。まったく外の風景が見えない場合は、電車が走っているか止まっているか視覚的に判断できる材料がない。しかし、たとえ外の風景が見えなくとも、電車の走行を認識できる場合もある。それは、電車が加速したり減速したりするときである。そのときには自分に何らかの「力」がかかるからだ。したがって、私たちが電車が走っているのか、止まっているのか確信をもてなくなるのは、①外の風景が見えなくて、②電車が等速直線運動で走行しているとき、となる。

では、なぜ等速で走行している乗り物のなかでは、その走行を意識しないのだろうか。それは、とりもなおさず、乗り物のなかでの状態が家にいるときとまったく変わらず、何不自由ないものだからにほかならない。飲み物を飲もうとしてもこぼしてしまうことはないし、ふらつかずに歩き回ったりできるし、会話も普通に聞こえるからだ。

このことは、物理学では、**「相対性の原理」**と呼ばれる。もっときちんというと、「等速直線運動している世界では、すべての物理法則は、静止した世界とまったく同じに成り立つ」ということになる。この法則を前提とすると、旅人算の発想が、問題を解くための便法にすぎないものではなく、自然を眺めるときのもっとも根源的でプリミティブな見方の一つだということがわかる。

この法則に最初に気づいたのはかのガリレオ・ガリレイである。ガリレオの時代には、まだ列車も飛行機もなかったのだが、船による航海は盛んに行われていた。航海において、船が安定して運航しているときの船上での生活が、陸でのものとなんら変わらないところから、ガリレオはこの法則に気がついたのだろう。おそるべき知能の持ち主である。

そして、このガリレオの発見が後に、さらなる大発見につながるのである。それはいうまでもない、アインシュタインの「相対性理論」だ。20世紀の科学的発見のなかでももっとも有名といっていい相対性理論は、ガリレオの「相対性の原理」に「光速度不変の法則」を加えた考察によって発見されたのである。ちまたで「相対性理論」が語られるとき、「光速度不変の法則」だけがとりざたされることが多いのだが、アインシュタインの偉大さは、ガリレオの「相対性の原理」に再度注目した点にあると指摘する学者も存在する（ALSというハンディキャップを背負いながら、宇宙物理学において画期的な成果をあげているスティーヴン・ホーキング博士などがその例[3]）。

運動量の保存則

アインシュタインの発見のことを話したが、この「相対性の原理」は、ほかにもさまざまな物理法則を導く原理として機能する。一例をあげるなら、「慣性の法則」などがそうだ。慣性の法則というのは、「外から力が働かない限り、静止している物体は永遠に静止し続け、等速直線運動している物体は永遠にそのまま等速直線運動を続ける」というもので、これを発見したのもガリレオである。この法則は、「相対性の原理」から簡単に導き出すことができる。

まず、静止した物体Aが、外から力が働かない限り、ひとりでに動き出したりしないのは、経験則として認められるだろう。この物体Aを速度vで等速直線運動している世界Bから観測したらどう見えるだろうか。当然、物体Aのほうが速度vで世界Bとは反対向きに等速直線運動しているように見えるだろう。「相対性の原理」を認めるなら、物体Aが静止している世界とその世界に対して等速直線運動をしている世界Bとで物理法則は同一なのだから、世界Bから見て等速直線運動している物体Aは、外から特別な力が働かない限り、永遠にその運動を続ける、という次第だ。

ガリレオの時代には、実験の技術は現代ほど精巧ではなかったので、摩擦を排除したり、無重力を作り出したりすることは無理な注文だった。どんな運動も摩擦によって静止してしまうので、「永遠に運動を続ける物体」など、思い浮かべることさえ至難のわざだっただろう。

さらに、相対性の原理からもう一つ重要な法則を導いてみよう。次のような「旅人算」を考える。「質量（つまり重さ）が同じxで、形も同じ物体Aと物体Bが、それぞれ右方向に測って速度u、vで一直線に飛行していて、途中で追いついて衝突し、くっついて一つの物体Cになった。このとき物体Cの速度はいくつか」

物理学に不案内な人にとっかかりが見つからないのはあたりまえだが、物理学を知っていても、この答えを力学なしで導くことのできる人はそんなに多くはないだろう。ここでは相対性の原理から直接結論を導いてみせよう。

相対性の原理を使うのにもっとも都合のいい世界をもってきて、物体の運動を観測することにする。それは、物体Aと物体Bが同じ速さで向かい合って飛行しているように見える世界である。あなたは運動する観測者だとして、AやBと同じ向きに測って速度Vで運動しているとしよう（図1—4）。

Vは、uとvの平均の速度$(u+v)\div 2$ととればいい。実際、あなたから観測した物体Aの相対速度は$u-V=(u-v)\div 2$、物体Bの相対速度は$v-V=-(u-v)\div 2$である。したがって、あなたから観測すると、物体Aと物体Bは、互いに向かい合って同じ速さで接近し、衝突して一つの物体Cになるように見える。この衝突後の物体Cの運動はどうなるだろうか。そう、「静止してしまう」と考えるのが自然である。まったく同じ形の同じ質量の物体が同じ速さでぶつかるのだから、左に動くとしても右に動くとしても、対称性に反するからだ。したがって、衝突後の物体はあなたから見て速度0となるとわかる。

　このことをもとの世界に戻して考え直してみよう。速度$V=(u+v)\div 2$で運動するあなたから観測して速度0に見えるということは、もとの世界（物体Aと物体Bが、速度u、vで運動していると観測できる世界）では、物体Cの速度は$(u+v)\div 2$ということになる。これで問題が解けてしまった。

　以上の結果は、次のようにまとめられる。つまり、「質量xで速度uの物体Aと質量xで速度vの物体Bが衝突して合体すると、質量$2x$で速度$V=(u+v)\div 2$の物体Cになる」。

　衝突前の「質量×速度」の合計と、衝突後のそれを比べるために両者の差をとると、

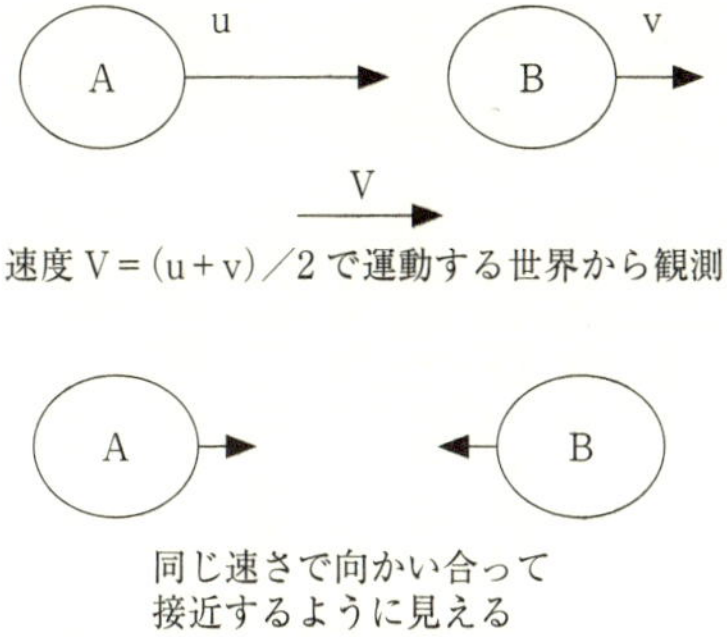

図1―4

$$(x \times u + x \times v) - 2x \times V = x(u+v) - \frac{2x(u+v)}{2} = 0$$

となって、両者が等しいことがわかる。つまりこれは、「Aの質量」×「Aの速度」+「Bの質量」×「Bの速度」=「合体後の質量」×「合体後の速度」ということを意味する。ことばでいうなら、「「質量×速度」の合計は、物体たちの衝突前と衝突後で変化しない」ということで、これこそがまさに物理学の教科書にある**「運動量保存則」**なのである。運動量保存則の背後には、このように相対性の原理が働いており、旅人算の発想が息づいているのだ（質量が同じ、という仮定が気になる人のためにコメントしておくと、物体Aと物体Bの質量が異なる場合でも、工夫すれば運動量保存則を導くことが可能である）。

人生のなかで感じる相対性

筆者はこの相対性の原理のことを考えると、人生にもこういうことが起こるよな、と感慨深く思ってしまうことがある。人生では、いろいろな人と知り合い親しくなる。意気投合する。しかし、多くの場合、時間の経過とともに、関係がぎくしゃくし、疎遠になっていくものであろう。筆者にも、そういう経験が多々あった。ある時期に永遠の友人と思いこんでいた人と、亀裂が入って離別する経験を何度もした。

このような亀裂は「人生観のすれ違い」から起きるのだろうと思う。そのようなすれ違いは、どちらかの人格が変わることで生じるのだと感じる。しかし問題は、変わってしまったのが相手なのか自分なのかがわからない、ということだ。相手の人格が変わってしまったように思うのが常だが、それは自分を常に座標の原点においているために生じる「相対的な観測」にすぎないのかもしれない。実は、変わったのは自分のほうであって、相手は同じままであったのかもしれない。しかし、相対性の原理を援用するなら、どちらが変わったのかは永遠に結論が出ないのであろう。第三者が、「あなたは変わってない」とか「変わった」とかいうかもしれないが、そういう人さえ、絶対的位置が変化しているかもしれないのだ。

さらにいうなら、「私は私のままだ」ということも問題である。「私」は、常に新しい経験をし、新しい人格が形成されている。このようなとき、私というものの「精神の同一性」ということをどう考えるべきかは非常に難しいだろう。これは、精神病理学の領域とも重なる問題だといえる。

話題は「ハッブルの法則」に戻る

旅人算をめぐるこの章をしめくくることとしよう。ここで再び、「ハッブルの法則」に戻る。「ハッブルの法則」というのは、次のような宇宙法則だった。

「すべての銀河（星の集団）は、私たちの銀河系から遠ざかる方向に動いており、その遠ざかる速さvは、その銀河までの距離rに比例している」（図1—5）

もうちょっと詳しくいうと、「私たちの銀河系Oから、どんな銀河Aを観測しても、銀河Aは直

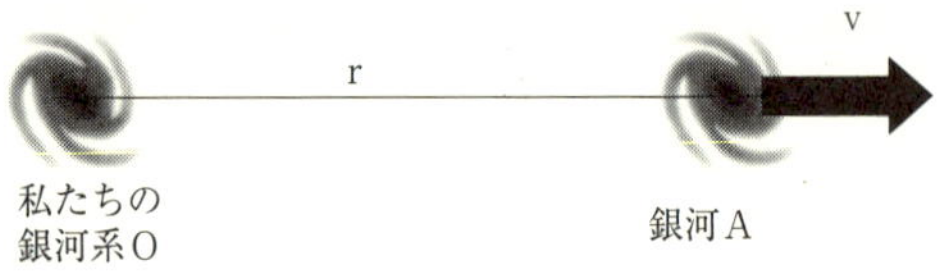

図1―5

線OAを延長する方向、すなわちまっすぐ後方に速度vで遠ざかっていて、その速さvは比例定数Hによって、v＝Hrと表せる」ということなのである（Hはハッブル定数と呼ばれる宇宙に固有の定数。いま距離は光年で測ることとしよう）。この法則が私たちに、宇宙が有限でそれは膨張しているという真実を教えてくれたことは前にも解説した。

実は、この「ハッブルの法則」と、さきほどまで解説してきた「相対性の原理」とを合わせると、あることがわかるのである。

「相対性の原理」を繰り返すと、「宇宙において等速直線運動する世界は、互いに相対的であり、どちらが動きどちらが静止しているかを決定することができない」ということだった。この観点から「ハッブルの法則」を検討してみよう。ハッブルの法則は、あたかも、私たちの住む地球が「宇宙の真ん中にある」ような印象を与える。すべての銀河が遠ざかっていき、しかも、遠い銀河ほどその遠さに比例した速度で遠のくからである。このことから、動いているのが遠くの銀河であって、私たちの銀河系は止まっていると結論づけることは可能だろうか。つまり、遠くの星から見た天体の運動法則と、地球から見た天体の運動法則に何か違いがあって、動いているのが地球なのか、その星なのか、特定できる、といえるだろうか。

結論をいおう。実際は、この「ハッブルの法則」でさえも「相対性の原理」の束縛から逃れることはできない。このことを、算数の問題でもよく出題される「相似三角形」を使って説明する。

壮大な旅人算

まず、図1―6のように、私たちの銀河系Oから別の方向に見える2つの銀河Aと銀河Bを考えよう。それぞれ地球からの距離がa光年、b光年だとする。

さらに、AB間の距離をc光年としよう。そして、私たちの銀河系Oから観測して、A、Bが後方に遠ざかる速さをx、yとしよう。ハッブルの法則から、とうぜん、x＝Ha、y＝Hbとなる。ここで同じ現象を銀河系Aから見るとどうなるか、考えてみよう。

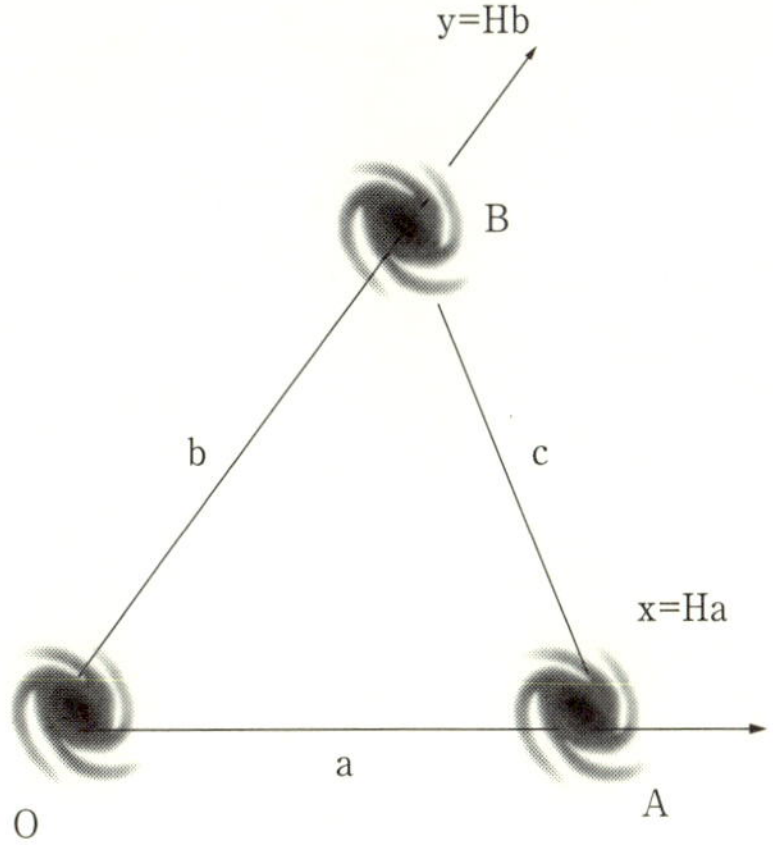

図1―6

今度は図1―7のようになるはずだ。まず、銀河系Oは、Aから見て後方に遠ざかるように見える。まさに相対運動ということだ。その速さはx＝Haである。つまり銀河Aを主人公にした場合、銀河系Oに対しては、ハッブルの法則がちゃんと成立しているということだ。まあこれはあたりまえ。

銀河Bの運動がどう見えるかが問題だが、このように考えればいい。仮にBがOに対して静止していると

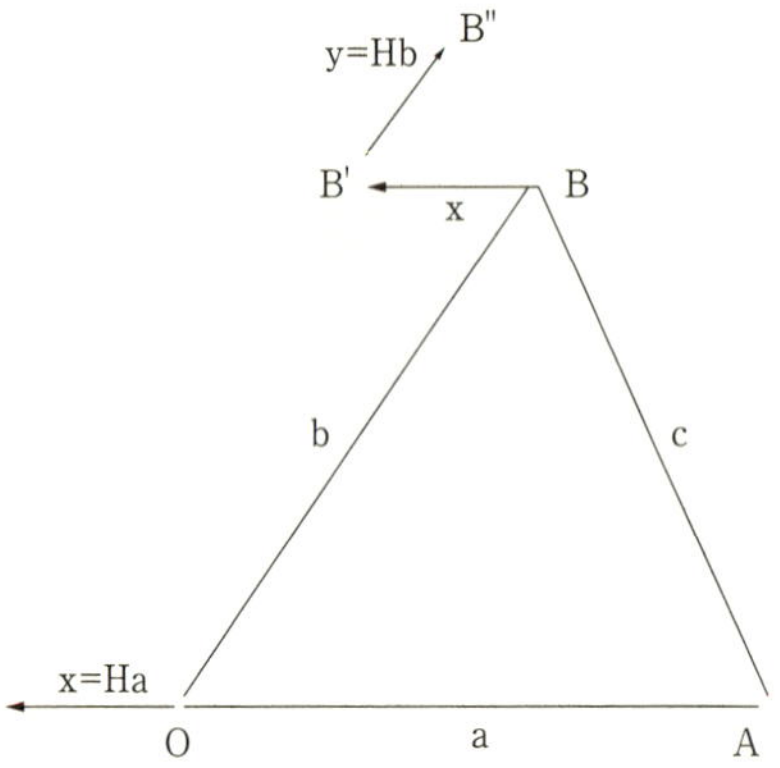

図１―７

すると、Ａからは、ＢもＯと同じように速さxでＯと同じ方向に動くように見えるはず（図のＢＢ'）。しかし実際は、ＢはＯに対してＯＢの方向に速さyで動いているので、その動きを考察に加えなければならない。つまり、銀河Ａから見た銀河Ｂの動きは、銀河系Ｏと同じＢＢ'の方向に動くと同時に、もとの遠ざかり方と同じＢ'Ｂ''の方向にも動く、というわけだ（これがコサック騎兵の問題をアレンジした問題でも出てきた考え方）。これを合わせると、実際には図１―７のＢＢ''の方向に動くように見えることになり、これが銀河Ａから観測した銀河Ｂの相対運動ということになる。つまり、銀河Ｂは、銀河Ａから見るとＢＢ''の方向に移動し、その速さはＢＢ''の長さに一致する、ということなのだ（この時点では、三点Ａ、Ｂ、Ｂ''は一直線になっているかどうかは不明であることを自覚しておくべし）。

ここで三角形Ｂ'ＢＢ''の形状に注目してみる。実は、この三角形が、銀河たちの作っていたもとの三角形ＯＡＢと相似であることがわかる。理由はこうだ。まず、三角形Ｂ'ＢＢ''の二辺の比はx対yだから、Ha対Hbとなり、すなわちa対b。これは三角形ＯＡＢの二辺の比と同じである。したがって二つの三角形の二辺の比が等しいことがわかる。さらに、Ｂ'ＢとＯＡが平行で、Ｂ'Ｂ''とＯＢが平行であることにより、二辺のはさむ角も等しい（つまり、角BB′B″と角AOBは等しい）ことがわかる。二辺の比とあいだの角度が一致しているので、三角形B′BB″と三角形OABが相似だと示されたことになる。

この相似がうまい働きをするのだ。相似から角B′BB″が、角OABと等しいとわかり、これはまさに平行線OAとBB′に対する同位角が等しいことを意味するから、三点A、B、B″は一直線になっているとわかる。これは、銀河Bは銀河Aから眺めるとちょうどまっすぐ後方に遠ざかるように見えることを意味している。また、その速さについても、三角形の拡大比がHであることから、BB″＝Hcとわかる。したがって、銀河Aから観測した銀河Bについても、ハッブルの法則が成立していることが示されたのだ。

要するに、ハッブルの法則は、どの銀河の立場から見ても、なんら修正の必要がないことがわかったわけだ。このことが示唆するのは、「ハッブルの法則から宇宙を理解する限りにおいて、静止しているのが私たちの銀河系かほかの銀河かを判別する方法は得られない」ということである。残念ながら、私たちの地球が、宇宙において特別な場所にいるわけではなかったのである。ハッブルの法則に対して「相対性の原理」はまったく矛盾しない普遍性をもっていることがあきらかになった。「相対性の原理」は、私たちの宇宙では、けっして破られることのない法則のようである。

いま行った考察が、壮大な旅人算であったことにお気づきだろうか。私たちの銀河系を基点にほかの銀河の相対速度を観測して得られるハッブルの法則のありようと、逆に、どこか遠くのある銀河を基点とした私たちの銀河系やほかの銀河の相対速度に関するそれとは、なんら変わらないのである。これは、旅人算の発想が、壮大な宇宙においても、根本的に通用することを示している。

第2章●「ガウス算」から環境問題へ——グラフをさかさまに見る発想

天才ガウスのエピソード

小学校の算数の時間に、ガウスという数学者の名を耳にしたことがあるのではないだろうか。カール・フリードリッヒ・ガウスは18世紀から19世紀を生きた天才数学者で、数々の偉業を遂げた。アルキメデスとニュートンと並べて三大数学者の一人と評する数学史家もいるほどである。幼少時の次のエピソードはとりわけ有名だ。

10歳のガウスが、学校で算数を教わっているとき、先生が、少し休憩を取りたくなって、生徒たちにこんな問題を出した。

「1から100まで足してみなさい」

確かに、まともに1つずつ数を加えていけばかなりの時間を要するだろう。先生は十分休息できる算段であった。ガウス1人を除いて、生徒たちはまじめに1に2を加え、次に3を加え、と順次計算していったものと思われる。ところが、ガウスはほんの数分で、解答を石盤に書いてしまったのだった（当時、ノートは紙ではなく石盤を使っていたらしい）。もちろんガウスが書いた答え505

0が、正解であったことはいうまでもない（数学史の本によっては、８１２９７から１００８９９までの和を計算した、となっているが、[4]ガウスにはともかくほかの生徒にこれを出題したとは考えづらい）。

これを皮切りに、ガウスは生涯さまざまな数学的発見を積み重ねていくことになる。整数や素数の性質を研究する整数論という分野に金字塔を築き、現代の統計学が基礎とする最小二乗法や正規分布を発見し、曲面の曲がり具合を評価する微分幾何の創始者ともなったのだ（この辺の詳しい話は、拙著『数学の遺伝子[5]』を参照してほしい）。

さかさまにして足すテクニック

ガウスの速算法

さて、次の①式を求めたい。

（求めたい和）＝1＋2＋3＋……＋98＋99＋100　……①

これを楽々やるために、順番を逆にしてみる。それが②だ。

（求めたい和）＝100＋99＋98＋……3＋2＋1　……②

この2式①と②の左から数えて同じ順番にある数を加え合わせると、みな１０１となる。だから、

（求めたい和の2倍）＝101＋101＋101＋……＋101＋101＋101＝101×100＝10100

よって、

（求めたい和）= 10100 ÷ 2 = 5050

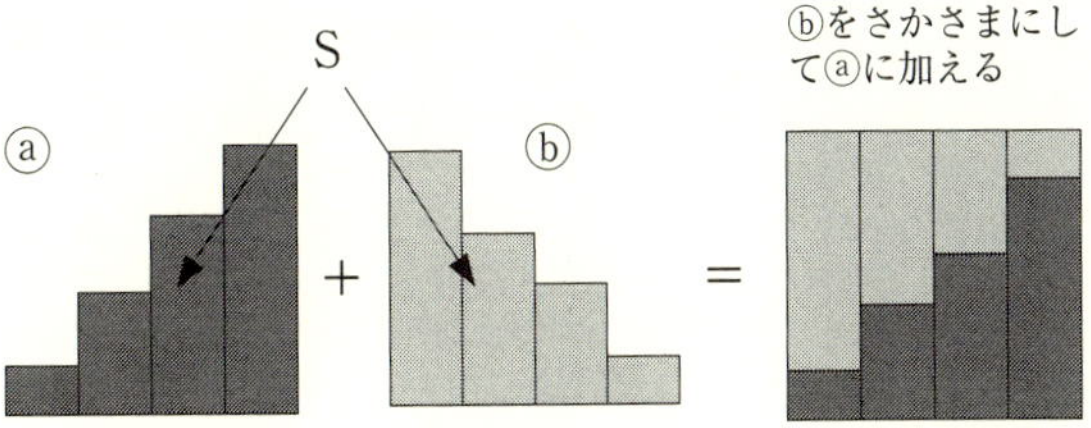

図2—1

ガウスももちろんこの速算法で、瞬時に5050という解答を出したわけである。一般には、こういう呼び名はないが、本書ではこの速算法をガウスにあやかって、**「ガウス算」**と名づけることにする。

用心深い人は、「なぜ左から数えて同じ順番にある数を加え合わせるとすべて一定の数101となるのか」と腕組みすることと思う。なにごともすぐ信じないで、「ほんとかいな?」と疑うことはもっとも大切な姿勢である。そういう習慣によって、科学のセンスが身につくのだ。

ポイントは、①式では右に1つ進むと数字が1だけ大きくなり、②式では右に1つ進むと数字が1小さくなる、ということだ。したがって、①の数と②の数で左から数えて同じ順番にあるものを加え合わせた数は、さらにもう1つ右にずれても変化しない。①のほうは1増え、②のほうは1減るから、合計では同じ数になる。つまり、最初が101なので、ずっと101になるのだ。

これを図解して理解するには次のようにすればいい。図2—1を見てみよう。①式の和はⓐの階段すべての段数を加え合わせたもの、②式の和はⓑの階段すべての段数を加え合わせたものだ。いま注目するのは、ⓐの総段数とⓑの総段数を合わせた段数である。このとき、ⓑの階段を上下さかさまにして、ⓐの階段にかみ合わせてみよう。かみ合わさった結果、右辺のような長方形ができる。したがって、階段はすべて同じ高さになる。つまり、このタテ（101）とヨコ（100）を掛けたものが合計総段数の2倍であるため、それを2で割れば和Sが求められる、という仕組みだ。これがガウス算の図解である。

少し高度な応用問題

では、この「さかさまにして足す」という算数テクニックを応用する発展問題を一つ紹介しておこう。

> **問題**
>
> 210と互いに素な自然数は全部で48個あるが、これらをすべて加えた数を求めなさい。

これは、ガウス算の応用としてはもっとも高度なものの一つといっていいだろう。

「210と互いに素」ということは、210との最大公約数が1である、ということである。つまり1以外に公約数をもたないということである。具体的には、210の素因数が2と3と5と7

なので、この4つの素数で割り切れない数を並べればいい。ここで素数とは、自分自身と1以外の数字では割り切れない（自分と1以外に約数をもたない）自然数のことである。素因数というのは、約数のうち素数であるもののことをいう。小さい順に並べると、1、11、13、17、19……と1の次から素数ばかりが並んでいくので、一瞬、ぎょっとなる。けれども実際は、素数だけ並ぶのではないので安心してよい。121（＝11×11）とか、143（＝11×13）なども2、3、5、7を約数にもたないので、素数でないけれども210と互いに素な数なのだ。

とはいっても、どういう規則で並んでいるのかは見抜きにくいし、合計するにはどういう手が使えるのかは、そんなに簡単には気づかないだろう。やはりここでも「さかさまにして足す」というガウス算のテクニックがものをいうのである。

一般に、自然数NとNより小さいaについて、Nとaが互いに素ならば、NとNからaを引いた数は互いに素となる。なぜなら、Nとaがともに素数pで割り切れる（つまりNとaが互いに素でない）なら、pの倍数どうしを引き算した数も素数pで割り切れるからだ。逆に、NとNからaを引いた数とが素数pで割り切れるなら、N－（N－a）＝aだからNとaも共通の素因数pをもつ。これからだいじなことがわかる。1から大きくなるほうに数えてa番目の数aがNと互いに素なら、Nから小さくなるほうに数えてa番目にある（Nからaを引いた数）もNと互いに素だ、ということである。

そこで、210と互いに素な整数を小さい順に並べると、

1, 11, 13, 17, ……, 209

この列にaが出てくるとき、またそのときに限り「Nからaを引いた数」もこの列に出てくる。したがって、これを逆の順に並べたもの

209, 199, 197, 193, ……1

に対して、この2つの数列を1番目どうし加え合わせ、2番目どうし加え合わせ、としていくと、すべて(1+209=)210となる。これによって、ガウス算の「さかさまにして足す」というテクを使えるのだ。

(求めたいものの2倍)=210+210+210+……+210

となる。これより、求める和S=210×48÷2=5040となる。

(この「互いに素な数列」についての話は、第6章でも登場するので、なんとなく覚えておいてほしい。)

リスクヘッジとガウス算

このガウス算の発想は現在、意外なところで応用されている。「リスクヘッジ」という方法である。読者のみなさんも、「金融派生商品(デリバティブ)」ということばを、新聞の経済面などで目にしたことがあるだろう。金融が自由化された結果、金融に関する商品がさまざまに開発され、活発に取引されるようになった。金融派生商品とはその総称であり、従来の株や債券などに加えて、それらの値動きに連動する「指数」などを商品として売り買いするような金融商品である。これら

はおもに、資産価格の変動から保有資産を守る、すなわち「リスクヘッジ」の目的で利用される。たとえば、ある企業が資金10億円分を多種類の株の形で保有しているとしよう。この企業は、この資産の価値が減価するリスクに常にさらされている。なぜなら、保有している株の市場価格が下がれば、もはや10億円の資産ではなくなってしまうからだ。このリスクを回避できないだろうか。実は、金融派生商品を利用すれば、このリスクを軽減することができるのである。このように、損失を被るリスクを回避（ヘッジ）する方策のことを、一般にリスクヘッジと呼ぶ。

では、具体的にはどうやるのか。

株価下落から保有資産の価値を保存したい場合には、「指数先物」と呼ばれる金融商品を10億円分、「売りポジション」で購入しておけばいい。指数先物というのは、日経平均のような株の平均値（指数）を売り買いする金融商品である。日経平均という単なる「指数」を売ったり買ったりする、というのははなはだ奇妙な取引だが、将来の日経平均の数値を売っておいた場合、数値が実際に下がれば指数を買った側から下落分の金額をもらえる仕組みになっている（逆に上がったときは支払わなければならない）。つまり、日経平均という数字をさいの目にしてギャンブルをしているようなものである。

さて、株価が将来もし下落すると、10億円分所有していた現物の株の価値は下落分だけ価値を失い損害が出る。しかし、指数と現物株はほとんど同じ方向に値動きするので、売りポジションをとっておいた指数先物では指数の下落によりおよそ同額の儲けが出る。つまり、現物株で損害が出ても、指数先物で利益が出て、それを埋め合わせることができる。逆に、指数が上がると、指数先物で損害が出るが、その場合は現物株の価値が上がって利益（含み益）が出ているので、やはり正味では保有資産の価値を保ったままになっている。

この仕掛けをよくよく考えてみると、「さかさまにして足すと同じ数値になる」を上手に応用した、まさにガウス算のアイデアと同じだといっていいだろう。

このように、金融派生商品にガウス算の発想が潜んでいることを解説したが、リスクヘッジはまさに経済の話である。実は経済学では、ほかにもいろいろな場面でガウス算の発想を利用しているのだ。

経済学では、いうまでもなく経済的利益のことを問題にする。利益（や損失）の最適性とか効率性とかを論じるのが経済学の仕事である。だから、複数の利益を加え合わせ、それが増えたり減ったり、あるいは一定の水準に保ったりすることを分析するのは経済学では日常茶飯事なのである。このとき、ガウス算の「さかさまにして加える」という方法論は、実に便利なツールとして利用できる。経済学者たちはあまり意識していないが、随所でガウス算の発想が活かされている、といっていい。

本章ではこの後、経済学におけるガウス算に焦点をあてて解説していくことにしよう。

自由競争と最適性

現在の資本主義国家では、「自由競争の原則」が基本になっている。この原則をサポートする根拠として、次のような経済学の定理をあげることができる。

「ものを生産し消費する経済活動において、生産者や消費者が、自分の利益だけを最適にすることを考えて利己的に行動し、市場を通じた価格取引を行えば、最適にして効率的な社会が実現される」

これは、現代の経済学を代表する結果であり、レオン・ワルラスという経済学者が最初に証明したので、「**ワルラスの定理**」と呼ぶこともある。ケネス・アローとジェラール・ドブリューという二人の経済学者が共同研究した結果、ワルラスの定理は一般化され、現在でもまだ、どこまで彼らの結論を拡張できるのかを研究した論文が発表されている。それらは、「一般均衡理論」と呼ばれる大きな分野を形成しているのである。

ここで大切なのは、この主張が、「そうなるべきだ」という思想や主義として述べられたものでもなく、また、「歴史をひもといてみたら、たいていそうなっていた」というものでもない、ということである。そうではなく、これはあくまで数学の「定理」として証明されたということが肝心なのである。

この定理に意外性があるのは、次の点においてである。

読者は学校教育などで、「人のことを考えて行動しなさい。人のためになることをするように心がけなさい」と耳にタコができるほど説教されたことと思う。けれどもこの定理は、そのようなお説教に対して、逆説的なことを述べている。つまり、こと経済的豊かさに限っていうなら、**すべての人が他人のことなど考えず自分の利益だけを考えて利己的に行動すればいい。むしろそうするほうが社会を最適にする**、と主張しているのだ。この定理では、証明を読めばわかるが、いくつかの数学的前提が暗黙に仮定されている。その前提がこの社会に、どの程度整合性があるものなのかをひとまずおくとすれば、これは私たちの価値観をくつがえすのに十分な主張といっていいだろう。

実際、筆者はこの定理と証明を知ったとき、溜飲《りゅういん》が下がる思いだった。「人のことを考えて行動しなさい。人のためになることをするように心がけなさい」という考えを押しつける人に限って、無償で奉仕してほしい、不利益につながるような面倒を起こさないでほしい、と考えているのが見え見えのように思われたからだ。つまるところ、言っている本人の都合最優先にしか聞こえなかったのである。大人になるにしたがって、この感触がほぼ正しかったことを次々と確認し、（大人とか教師とかに）だまされたという想いが強くなった。そういう筆者にとって、この「ワルラスの定理」は、胸のすくような気分を与えてくれたのである。

また、この定理では、なにげなく入っている「市場を通じた価格取引を行えば」ということばも重要である。いくら利己的な行動をするといっても、「生身の体どうしで衝突し合う」ということではない。個人個人の利己性は、市場というクッションを置いてかみ合わせることが必要なのである。市場が理想的に機能する場合は、商取引において、文化的・宗教的、あるいは人種的な衝突を回避することが可能となる。利己的行動によって感情的な対立が生じることを避けるために市場という仕組みが想定されていると考えられる。

市場取引のプロセス

ここでワルラスの定理の証明をおおざっぱに解説しておくことにしよう。非常に単純化したモデルを用いて、証明の幹のところだけを覗くことにする。

いま社会には、AさんとBさんの2人しかおらず、一定の期間にAさんは肉を4単位生産し、Bさんは魚を15単位捕獲しているものとする。両者とも自分の生産物だけを食べて暮らすより、ほかの生産物もあわせて消費したほうが好ましいと考えているので、交換することを望んでいる。その目的のために、両者は自分の生産物を市場に持っていって、いったん市場の番人に預け、番人から預かり証を受けとるのである。

市場の番人は、Aから肉4単位とBから魚15単位を預かっている。Aは肉4単位と記した預かり証を、Bは魚15単位と記した預かり証を所有している。ここで、番人は2つの財に価格をつける。とりあえず、肉を1単位につき3ポイント、魚を1単位につき1ポイントと価格づけしたとしよう(ポイントは価格の単位とする)。

この時点で、Aの所有する肉4単位分の預かり証は4×3＝12ポイントの価格分の購買力を備えることになり、Bの所有する魚15単位分の預かり証は15×1＝15ポイントの価格分の購買力を備え

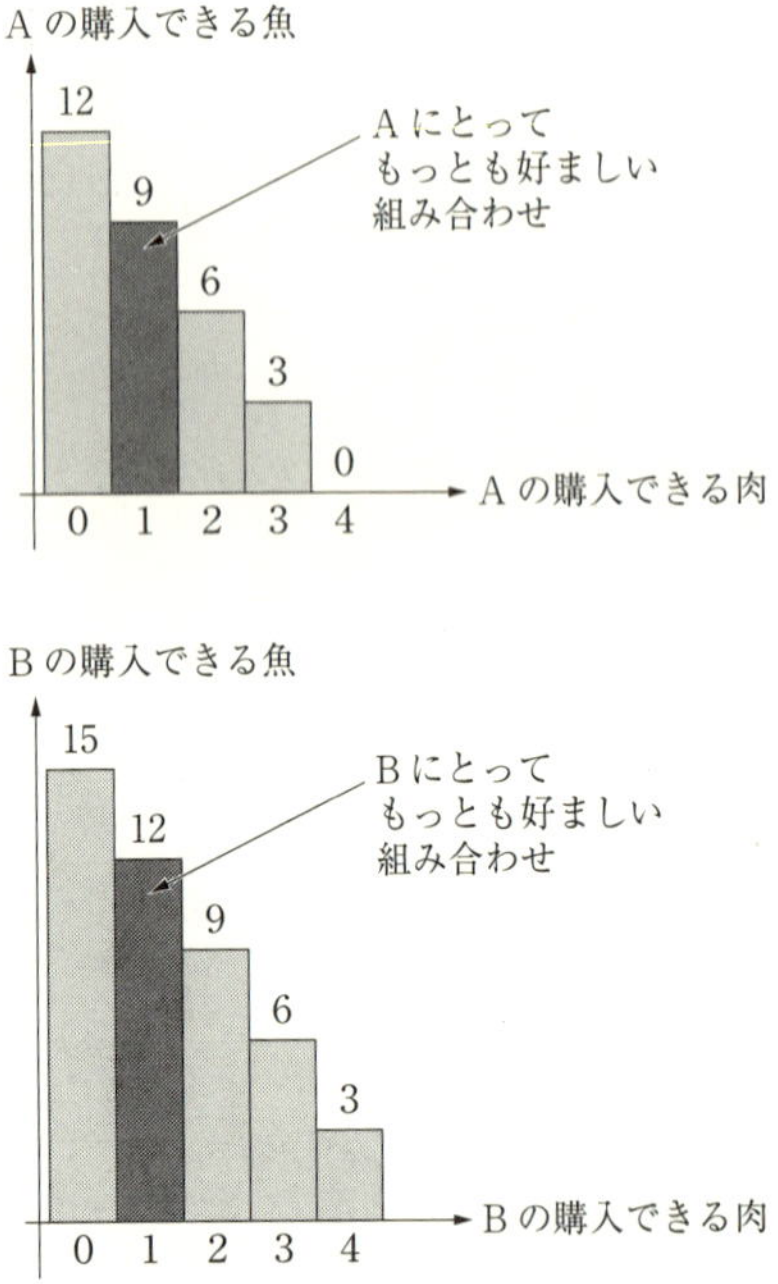

図2―2

ることになる。

Aは12ポイントの購買力で市場からどれだけの量の肉と魚を買うか思案するだろう。Aの購入可能な肉と魚の組み合わせは、次のようになる（単純化のため整数しか可能でないとする）。

（肉，魚）＝（4，0），（3，3），（2，6），（1，9），（0，12）

これらはすべて購入価格の総額が12ポイントになる組み合わせである。まず、所有している購買力で、もとに所有していた肉4単位をすべて買い戻すことができることを確認しよう。あたりまえのことである。それが（4，0）の意味だ。そして、肉の価格は魚の3倍であることから、肉の買い戻しを1単位あきらめるごとに、魚の購入を3単位ずつ増やすことができることも確認してほしい。

このことを図示してみると、図2―2の上のようになる。このとき、Aにとって好ましい購入量は、（肉，魚）＝（1，9）だと仮定しよう。

同じように、Bの購入可能な肉と魚の組み合わせを図示すると、図2—2の下のようになる。Bが肉の購入を1単位増やすごとに、Bはもと保有していた魚を3単位ずつあきらめていくことが図に現れている。Bに購入可能な組み合わせのうち、Bにもっとも好ましいのは、（肉，魚）＝（1，12）だと仮定しよう。

さて、ここでAとBからこのような購買希望を聞いた番人は、この取引がうまくいかないことに気がつく。なぜならAは魚を9単位、Bは魚を12単位希望しており、合計で21単位の魚を要するが、市場で預かっている魚は15単位しかないからである。

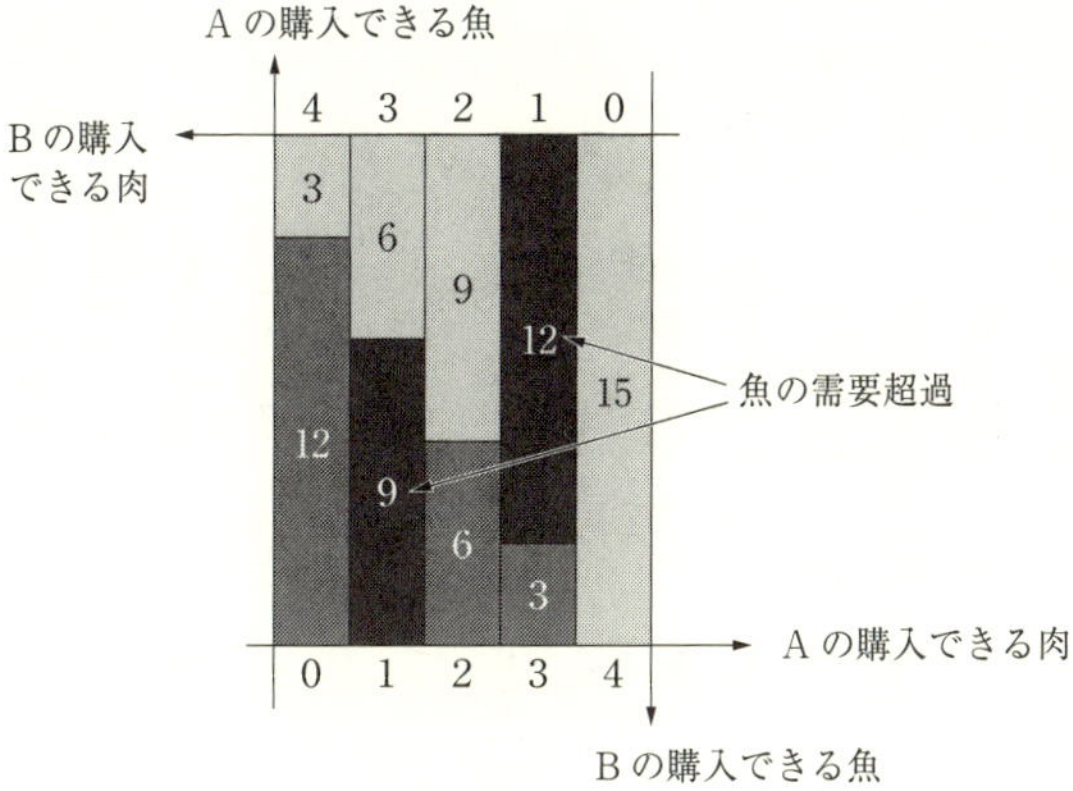

図2—3

市場取引に現れるガウス算

AとBの購入可能な組み合わせのグラフを見ていると、ここにガウス算の構造を見出すことができる。Bのグラフをさかさまにして Aのグラフに上からかぶせると、図2—3のような長方形ができるからだ。

左下を原点に見るとAの購買可能な組み合わせを意味

し、右上を原点にして、グラフをさかさまにして眺めると、Bの購買可能な組み合わせを意味するグラフとなっている。

グラフに見える長方形は、横の長さが市場にある肉の量4単位で、縦の長さは市場にある魚の量15単位を表している。AとBは、各自の生産した肉と魚を市場によって交換しようとしている、それを表す図となっているわけだ。

すると、長方形を作り出している階段のかみ合いが、まさにその交換の様子を表していることになる。この長方形は、考え出した経済学者フランシス・Y・エッジワースの名にちなんで、「エッジワースボックス」と呼ばれる。

ここに、ガウス算とまさに同じからくりが現れている。縦棒を右から左へとたどっていくと、Aが肉を1単位手放すたびに、魚を3単位多く手にしていくことになるわけだが、魚の供給量は一定だから、これは同時にBの魚の消費量の減少と肉の消費量の増加をも意味することになる。

いま、Aにとって最適な消費が左から2番目の下からの棒で表され、Bにとってのそれが左から4番目の上からの棒で表されている。これは、市場での交換がうまくかみ合っていないことを表している。実際、AとBの魚の購入希望量（需要）は市場の預かっている魚の量（供給量）を上回ってしまっている。それはAの選んだ棒とBの選んだ棒とに重なりが生じていることからわかる。

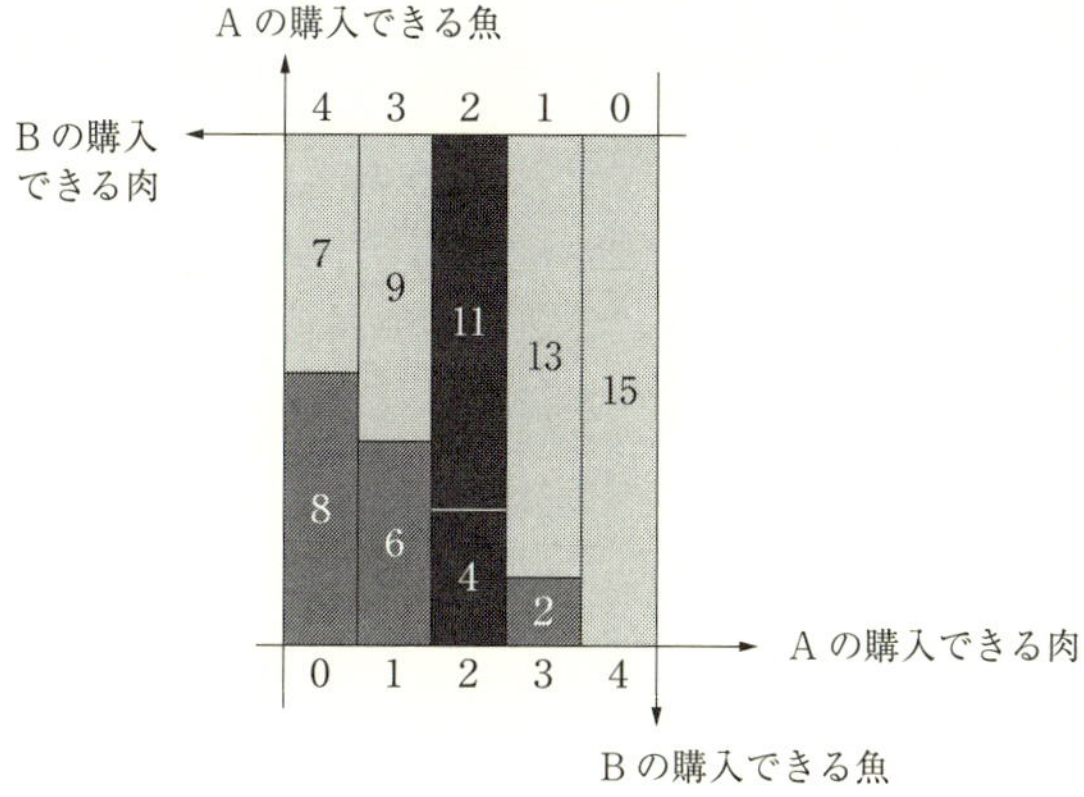

図2—4

価格調整で最適性が実現される——ワルラスの定理の証明

このように、魚の超過需要を知った市場の番人は、価格を変更することだろう。AとBの魚の購入希望が市場供給量を超えている、ということは、魚の価格と肉の価格のバランスが、それらの財に対するAとBの価値評価を正確に反映していないことを意味している。すなわち、肉が魚に比べて高すぎるのである。

そこで、番人は肉の価格を2ポイントに下げてみることだろう。こうなるとまず、AとBの購買力も変わってくる。Bの預かり証は、魚15単位分で1×15＝15ポイントの購買力を保証するままだが、Aの預かり証は、肉4単位分で4×2＝8ポイントの購買力を保証するように変更される。

すると、Aの購入可能なグラフもBのそれも変更を余儀なくされる。今度は、2つを階段としてかみ合わせたものだけを表示することにしよう。

図2—4のように、Aが肉を1単位手放すことで、魚を2単位しか余計に消費できないようになった。そのた

め、階段のかみ合った部分の傾斜はさっきより、ゆるやかになっている。

このとき、AもBも最適な購入計画を変更するかもしれない。たとえば、両者とも安くなった肉をもう1単位だけよけいに購入し、その分、魚の消費を減らそう、などと考えることだろう。Aは肉2単位と魚4単位、Bは肉2単位と魚11単位となる（図2―4の黒い棒）。

こうすれば、図2―4でわかるように、交換はうまくかみ合う。魚の購入希望量の合計は市場供給量の15単位ぴったりになり、肉の購入希望量の合計も供給量の4単位ぴったりとなる。番人はこの価格によって、取引を成立させ、Aには肉2単位と魚4単位を、Bには肉2単位と魚11単位を引き渡し交換が終了するのである。

このように、番人が価格をうまく調整し、取引者すべてが購入可能な範囲での最適な組み合わせを実現し、しかも供給量内でおさまるような状態を**「競争均衡」**（またはワルラス均衡）と呼ぶ。経済学者の研究によって、このような競争均衡は、ある妥当な数学的仮定のもとでは、必ず可能なことが示されている。

ピグーが反例を提出する

以上、ガウス算のグラフ（エッジワースボックス）を使って、市場原理の最適性をおおざっぱに示してみた。これは示唆に富んだ主張なのだが、いうまでもなく万能ではない。理論経済学では、主張が数学的に表現されているため、反例を提示するのがほかの社会科学の主張に比べてやりやすい。どの（暗黙の）仮定が現実と整合していないか、それを冷静に考えれば、設定をどう変えると反例が成立するかを見抜くことができるからである。これこそが経済学的主張を数学的に構築することの効能だといっていい。

この定理の前提を変えると結論がくつがえることを最初に発見したのは、アーサー・C・ピグーという経済学者であった。1925年の論文でピグーは、**「公害が存在する場合、定理は成立するとは限らない」**と指摘したのである。

公害というのは、ご存じのように、工場が排ガスを出して空気を汚したり、特定の土地がゴミの捨て場所になったり、廃棄物を燃やすことで有毒物質が土壌や空気中に排出されたりすることなどである。これらの公害が存在する社会を、さきほど紹介した市場交換モデルの観点から分析するには、どういう状況を設定したらいいだろうか。

さきほどのモデルでは、たとえばAは、魚を食するために所有する肉をいくらかあきらめなければならなかった。これはAにとっては損害であるが、「市場取引を経由する」損失だというのが重要である。Aが肉を手放すとき、それはAに魚の購買力をもたらすので、納得の上で手放しているといっていい。嫌ならば、肉をもともと持っていた量すべて買い戻せばいいのである。ところが、公害の場合はそうはいかない。公害で損害を被《こうむ》る人びとは、何かを手に入れるために納得ずくの市場行動を行うことによって公害を受けているわけではないからである。

ピグーはこの観点から、公害を市場取引の文脈で扱うことができるように定義づけた。「公害とは、市場取引者が第三者に市場を経由しない損害を与えることである」という定義である。ピグーのいう「市場を経由しないで与える損害」のことを専門のことばで、**「外部不経済」**という。そして、もしもこのような外部不経済が社会に存在するなら、自由競争の原理は社会を最適にしないという形で、経済学の基本定理への反例が成立するのである。

ピグーのあげた外部不経済の例

ピグーが外部不経済の例としてあげたのは、次のようなものだった(6)。

19世紀の終わりから20世紀初めにかけてのイギリスでは、機関車から出る火の粉が線路の周りの森林を焼失させることが問題になっていた。この損害について、鉄道会社にも鉄道の乗客にも賠償の法的義務がなかった。

この損害を考慮しないで、鉄道会社と乗客の利害関係だけで運賃を決めるとどうなるだろうか。仮に、社会全体として見ると、森林焼失の損害を低く抑えながら鉄道を適度に利用するほうが利益(メリット)が大きい、としてみよう。しかし、鉄道の利用者にも鉄道会社にも森林のことを考えに入れる動機づけがまったくない。利用者は、運賃額をふまえ自分の便利さが最大になるように利用回数を決めるだろうし、鉄道会社は、乗客の利用回数を見越して、自社の儲けが最大となるように運賃を決めるだろう。だから森林の焼失のことなどまったく配慮されず、運賃は相対的に低めに設定され、利用回数も過剰になり、その結果、森林の損害はひどくなるに違いない。これは、社会に属するすべての人の利益を見積もるなら、最適とはいえない状態のはずだ。本当は、運賃をもう少々高くして、そのため利用回数が抑制され、それで森林の焼失がいくぶんか防げれば、社会全体の利益はもっと大きくなるかもしれないからである。ピグーはそう指摘したのであった。

先に、利己的行動から最適性を導くには、市場のクッションが必要であることを述べておいたが、まさにピグーの反例はその重要性をあきらかにしたものといえる。市場のクッションが十分に機能しない（森林の消失という社会の不利益が市場価格＝運賃に反映しない）場合、利己的行動は（公害という形で）一種の「暴力」となりうるのである。

このピグーの論理からわかるように、公害が生じているもとでは、経済学の基本定理は成立しない。以下、このことをもっと数学的に、もっと理論的に、図解して説明することとしよう(7)。

「社会の利益」を図解する方法

外部不経済が経済に及ぼす効果を理解するために、簡単な数値モデルを作る(7)。

いま、山のてっぺんに工場が建っていて、生産で出た廃棄物を川の上流に投棄しているとする。その廃棄物は、川を流れてふもとの湖に流れ込む。その湖では、漁業が行われている。

工場の生産量とそれに応じた利益は、表2―1のようであるとしよう。

これをグラフに描いたものが、図2―5である。グラフでは横軸に生産量、縦軸に利益をとっている。このモデルでは、生産量を増やすと最初は利益が増していくが、ある量を超えると、逆に利

工場の生産量	0	1	2	3	4	5	6	7	8	9	10
工場の利益	0	9	16	21	24	25	24	21	16	9	0

表2—1

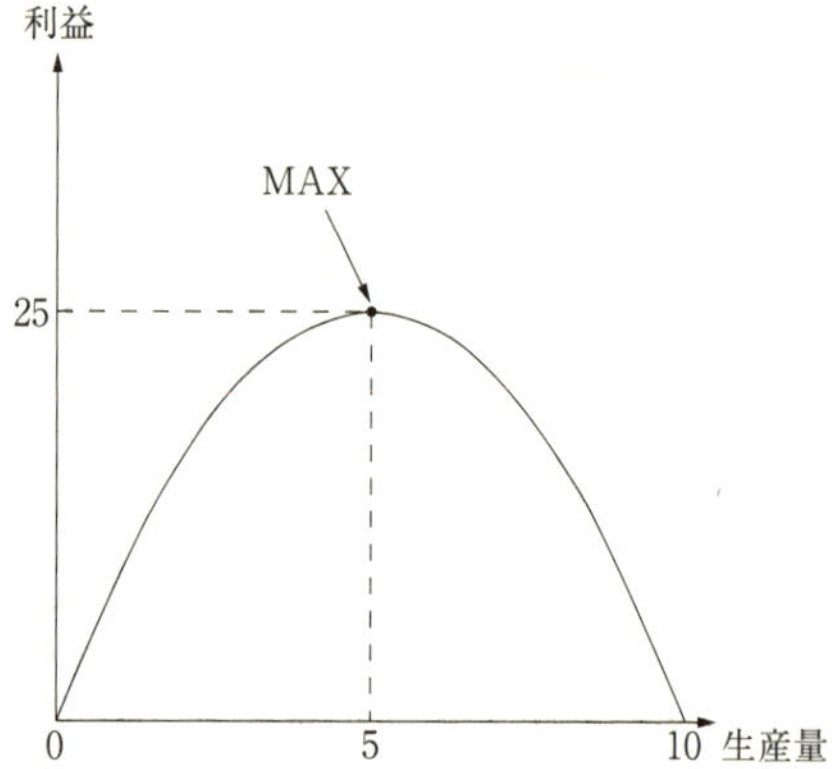

図2—5

工場の生産量	0	1	2	3	4	5	6	7	8
工場の利益	0	9	16	21	24	25	24	21	16
漁獲高	10	10	10	10	10	10	10	10	10
社会の利益	10	19	26	31	34	35	34	31	26

表2—2

益は減少するように設定されている。これは、敷地が手狭になったり、労働の質が劣化したりして、収入の増加を上回って費用がかさむことなどを表している。この工場の最適な生産量は、山がてっぺんに達する5単位である。当然、工場はこの生産量を選ぶだろう。

次に、山のふもとで営まれる漁業の利益のことを考えてみよう。まず、工場の生産が漁獲高に影響を与えない場合、すなわち外部不経済がない場合を考える。

単純化のため、漁獲高はそのまま漁民の利益を表すこととすると、表2―2のように工場の生産量にかかわらず、常に利益は10となっている場合が、そのケースにあたる。

さらに、町には産業は2つしかなく、「工場の利益と漁民の利益の合計したもの」が町の利益全体、すなわち「社会の利益」であると仮定しよう。表2―2を見てわかるように、社会の利益もやはり工場が5単位の生産をすると最適化されるのだが、このことを図解するには、どうすればいいだろうか。ここにガウス算の発想が使えるのである。

まず、工場の生産量を横軸にとったときの工場の利益を描いたのが図2―6だったが、同じく工場の生産量を横軸に取ったときの漁民の利益を描いたのが図2―7である。このとき、社会の利益(工場の利益と漁民の利益を足し算したもの)を図で表現するため、図2―7のグラフ(水平直線)をさかさまにして図2―6のグラフに重ねよう。図2―8のようになる。

図2―8は、ガウス算のグラフと同じ仕組みになっているから、下辺から山型の曲線までを測った線分ABは工場の利益、上辺から直線までを測った線分CDは漁民の利益となる。したがって、この2本の線分の和が社会の利益となる。すると、社会の利益が最大となるのは、あきらかに山のてっぺんである点Mを通る場合だとすぐにわかるだろう。なぜなら、ほかの場所では(BD間のように)常に空白があるからだ。

つまり、工場が自分の利益を最大にするような生産量を選べば、それはすなわち、社会の利益を

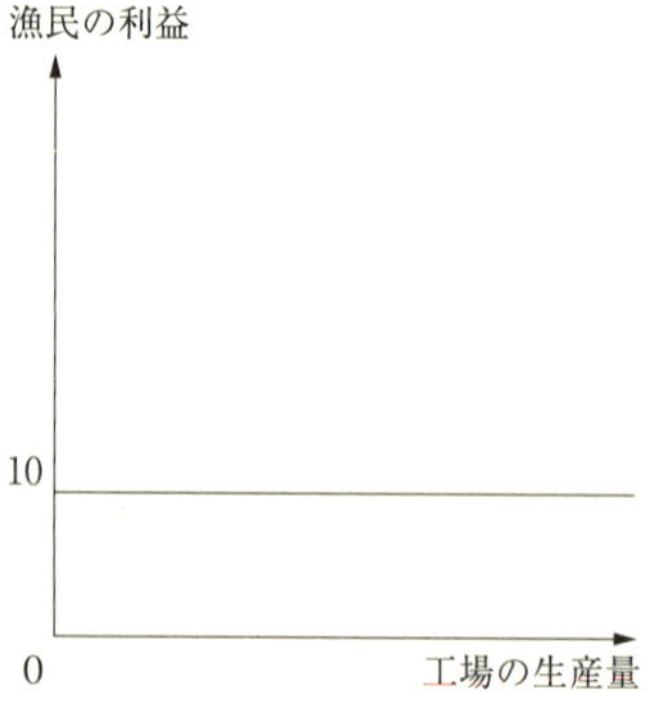

図2—7

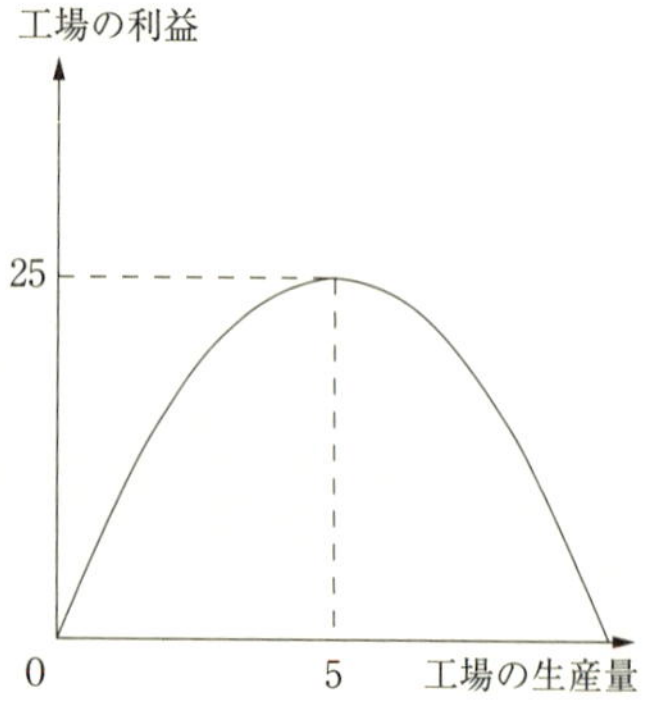

図2—6

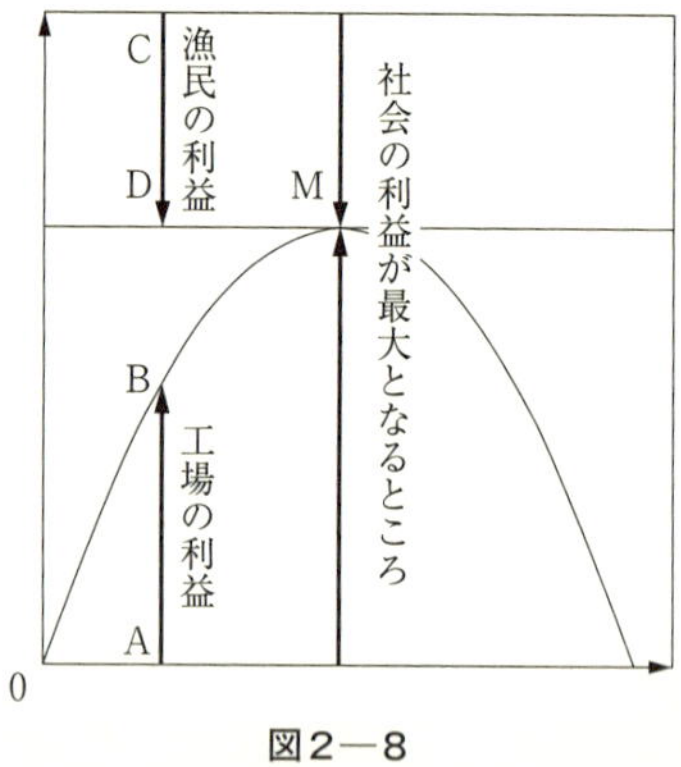

図2—8

も最大にしているということである。これは、「経済学の基本定理（ワルラスの定理）」が成立していることを意味するケースで、次に紹介する反例へのベンチマーク（比較基準）となるものだ。

外部不経済を図解してみよう

では次に、公害（外部不経済）のある場合を見てみよう。

表2―3のように、工場が生産量を増やすと、それにともなって、汚染

のために漁獲高（3段目）が減少していくようなケースを考える。表2―3でわかる通り、工場の利益（2段目）を最大化する生産量（5単位）は、もはや社会の利益（4段目）を最大化する生産量（4単位）と一致していないのはあきらかである。これが、外部不経済の及ぼす効果を数値化したものだ。これをさきほどと同じく、ガウス算のグラフに仕立ててみよう。

図2―10をさかさまにして、図2―9に重ね、一カ所だけがくっつくようにしたものが図2―11である。

漁獲高のグラフが右下がりの斜めになっているため、さかさまにして重ね合わせると、直線は右上がりになる。下からの線分と上からの線分の和が最大となるのは、山のてっぺんの点ではなく、そこより左にずれてしまうのが見て取れる。

工場の生産が漁獲高に影響を与えない図2―7の場合、漁獲高を表す線は水平線になっていた。したがって、「工場の利益＋漁獲高」を最大にする縦線は、山のてっぺんの生産量であった。しかし、工場の生産量が漁獲高に影響を与える図2―11では事情は違って、漁獲高の線（をさかさまにしたもの）は右上がりの線となるので、上部から下ろしてきて初めて山型とくっつく点は、てっぺんよりやや左となるのである。それで、「工場の利益＋漁民の利益＝社会の利

工場の生産量	0	1	2	3	4	5	6	7	8
工場の利益	0	9	16	21	24	25	24	21	16
漁獲高	17	15	13	11	9	7	5	3	1
社会の利益	17	24	29	32	33	32	29	24	17

表2―3

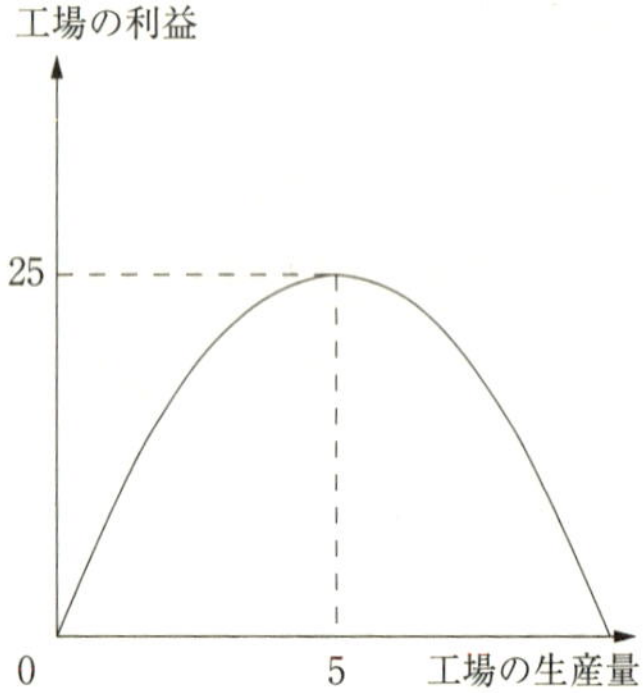

図2—9

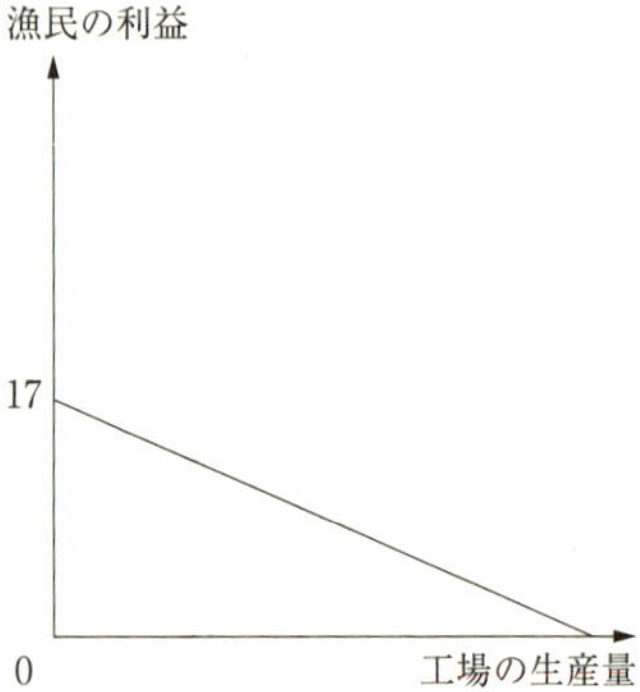

図2—10

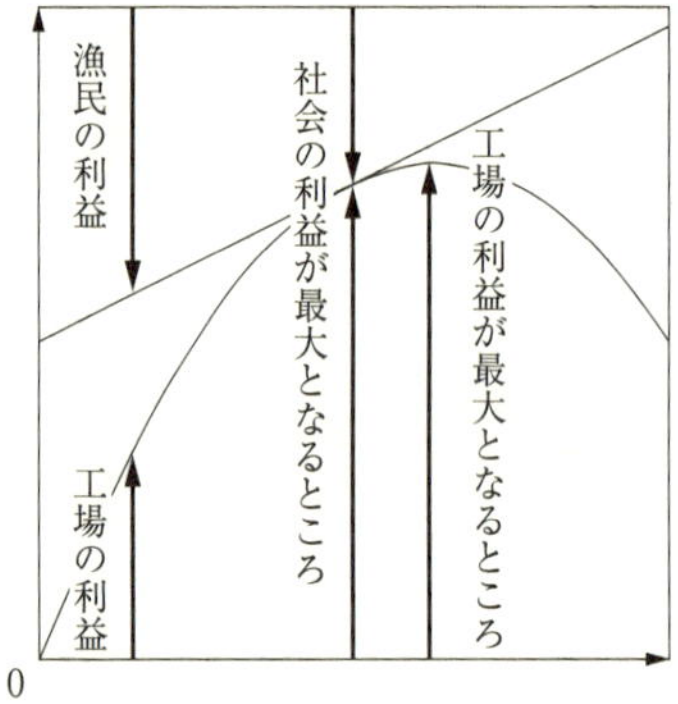

図2—11

益」を最大とする生産量が、「工場の利益」を最大とする生産量（山のてっぺん）とは異なってしまう（少ない生産量になる）。

非常に単純な数値モデルではあったが、工場の生産に公害（外部不経済）が発生していて、市場を経由しない影響を漁業に与える場合、なぜ工場の利己的な利益最大化行動が、社会の最適性をもたらさないかが、かなりよく伝わったのではないかと思う。

公害解決策としての税制度

それでは、公害という外部不経済が発生しているため、個々の企業や消費者の利己的な行動からは社会の最適性が得られないようになっているとき、どうやったら社会の最適性を達成することができるのだろうか。

外部不経済の効果を解消するもっとも簡単な方法は、**「外部不経済の内部化」**と呼ばれる方法である。それは、要するに、市場のクッションを入れるようにすることである。「市場の外部の第三者に発生している被害」をちゃんと「当事者」として市場の取引に取り込むようにすればいい。さきほどの例でいうと、**工場と漁業という二つの企業（事業）が合併して、一つの企業（事業）になることである。**このとき、表の「社会の利益」の部分は、そのまま「合併企業の利益」に書き換えることができる。したがって、合併企業はおのずと生産量4単位を最適なものとして選択することとなるだろう。それがすなわち、社会の最適生産量だ。合併企業になれば、工場の生産が漁獲高を減少させることをきちんと勘定に入れて、生産量を決めるからである。

しかし、この「合併」という方法には現実味がないといっていい。工場と漁業というまったく別種の事業が合併することは難しいし、そもそも汚染者とそれによって損害を受けている業種が協力することは、感情的にもありえないに違いない。

そこでピグーは、外部不経済を内部化させるもっとも実効性のある方法として、**「汚染に対して税金を課す」**ことを提案した。このような課税を発案者にちなんで**「ピグー税」**と呼ぶ。

さきほどの例でいえば、1単位の生産に対して2単位（1単位の生産増によって減少する漁獲量に等しい）の税金を工場に課す、それがピグー税である。

表2―4がピグー税を課したものだ。税引後の利益を見ればわかるように、企業にとってこれを最大化する生産量は4単位であり、企業は当然、この生産量を選ぶことだろう。そしてこれが社会にとっての最適生産量であることは、さきほど確認した。

このピグー税の仕組みが、ガウス算であることはもうおわかりと思う。工場にとって、汚染を引き起こして漁業に損害を与えることが、税金の増加という形で負の利益をもたらす。利益の増加とこの負の利益とがちょうど打ち消し合う水準に生産を調整するのが、工場の合理的な行動になる。しかもこれは、社会にとっても最適な行動になるのである。

工場の生産量	0	1	2	3	4	5	6	7	8
工場の利益	0	9	16	21	24	25	24	21	16
ピグー税	0	2	4	6	8	10	12	14	16
税引後利益	0	7	12	15	16	15	12	7	0

表2―4

このようなピグー税は、通常私たちがイメージしている税金とは異なる意味合いをもっている。

税金というのは、市民が共同で使う公共施設（道路とか空港とか公民館とか図書館など）を市民全員で資金を出し合って作り、運営するために徴収されるものである。しかし、外部不経済を内部化するためのピグー税は、このような税金とは異なる目的をもっている、といっていい。ピグー税は、社会に必要なインフラや制度の運用のためではなく、**公**

害による外部不経済の効果を消すための税金なのである。つまり、企業や消費者が、「高い税金を支払うくらいなら多少生産や消費を我慢したほうが自分にとって得だ」と判断し、自ら進んで生産や消費を抑制する、そういう自発的行動を促すために課すものである。

たとえば、ゴミの回収を有料にすることや、家電リサイクル法などは一種のピグー税と解釈できる。また、タバコにかける税も非喫煙者への外部不経済の軽減のためと見るなら、これもピグー税といえなくもない。

現在、地球温暖化を防止するため、先進国が二酸化炭素排出量の削減に取り組みはじめた[7]。その有効な方策として、炭素排出への課税が検討されている。炭素税の取り組みは、おおげさにいうなら、地球全体で行う巨大なガウス算ということになるだろう。

第3章●「相似図形」からフラクタルへ——無限をイメージするための発想

「相似」で世界を眺める

小学生が算数の時間に習う図形の勉強のなかで、もっとも重要なのは「相似」ではないだろうか。相似というのは、「2つの図形において、寸法は異なるけれど、寸法の比は同じになっている」ということだ。

たとえばここに、縦4センチ横6センチの長方形と縦10メートルと横15メートルの長方形があるとしよう。前者は手のひらにのるような小さなもの、後者は部屋に入りきらないような巨大なものだが、この2つの長方形は相似である。縦と横の比がどちらも2対3になっているからだ。この2つの長方形は、大きさは違っても「形」はいっしょだということができる。もっというなら、前者は後者のミニチュアだということである。相似な図形では、寸法の比が同じというだけではなく、各場所における角度も同じだ（長方形では実際、すべての角が直角である）。つまり、相似な図形は寸法が違うだけで、曲がり具合などを含めた「構造」がそっくりな図形だということである。だから相似は、私たちの生活には欠かせないものであるといえる。何かとてつもなく巨大なもの、あるいは逆にとんでもなく微小なものの形状を調べたいとき、私たちが日常で見なれているスケールの相似図形を作り出して、それを利用して、その巨大なものや微小なものの形状を分析すればいいからだ。

このような利用法の典型的なものは、「地図」だろう。地形というのは、非常に巨大で、一カ所に立って眺望してみただけでは、あるいは歩いただけでは、その全体像を的確に知ることができない。しかし、地形を5万分の1とか20万分の1とかに相似縮小した地図を見ることで、私たちは地形の曲がり具合、距離感などを知ることができる。したがってどこか目的地に行くときに、地図さえ頭に入れておけば、どのくらい歩いたときにどっちの方向にどの程度曲がれば行き着くことができるかがわかるのである。

また、「模型」とか「ミニチュア」なども相似図形の利用のいい例だ。たとえば、建築家が建築物を作るとき、本物を相似縮小した模型を最初に作る。そこで具体的なイメージを固め、ときにはその模型によって強度などを検討した上で、本物の建設にとりかかるわけだ。

相似と面積の関係

相似については、面積にからんだ問題がよく出題される。たとえば、次のような問題が典型的だ。

問題

(ア)(イ)(ウ)の図のように一辺が12㎝の正方形のなかに同じ大きさの円をかきます。
(ア)(イ)(ウ)の各図に対して、円の面積の和を求めなさい。

（03賢明女子学院・改）

ア

イ

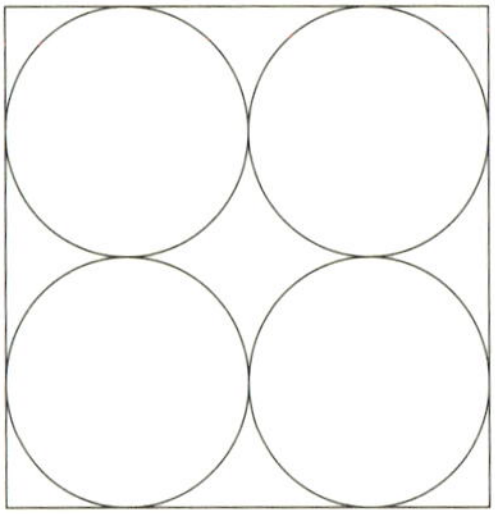

ウ

この問題ならば、簡単に解けるのではないだろうか。円周率を3.14としよう。
(ア)の図の場合、半径×2＝正方形の1辺＝12だから、半径＝6となり、円の面積は

$6\times6\times3.14=113.04$

となる。

次に(イ)だが、半径×4＝正方形の1辺＝12だから、半径＝3となり、円は4個あるので、

円の面積の和＝3×3×3.14×4＝113.04

である。

(ア)の答えと(イ)の答えが一致していることは偶然だろうか、必然だろうか。それを確認するために、とりあえず残る(ウ)を解くことにしよう。半径×6＝正方形の1辺＝12だから、半径＝2となり、円は9個あるので、円の面積の和は

2×2×3.14×9＝113.04

となる。

これまた確かに一致している。これはどうも単なる偶然ではないようだ。実は、これら(ア)(イ)(ウ)の面積の和がすべて一致する背景には、相似のもつ大変重要な性質が潜んでいるのだ。

「相似と面積の法則」を証明する

それは、次の「相似と面積の法則」である。

> **【相似と面積の法則】**
> 図形Fと図形Gが相似であるとし、FとGの相似比（対応する辺の比）は1対kであるとする。このとき、FとGの面積比は1対k^2となる。

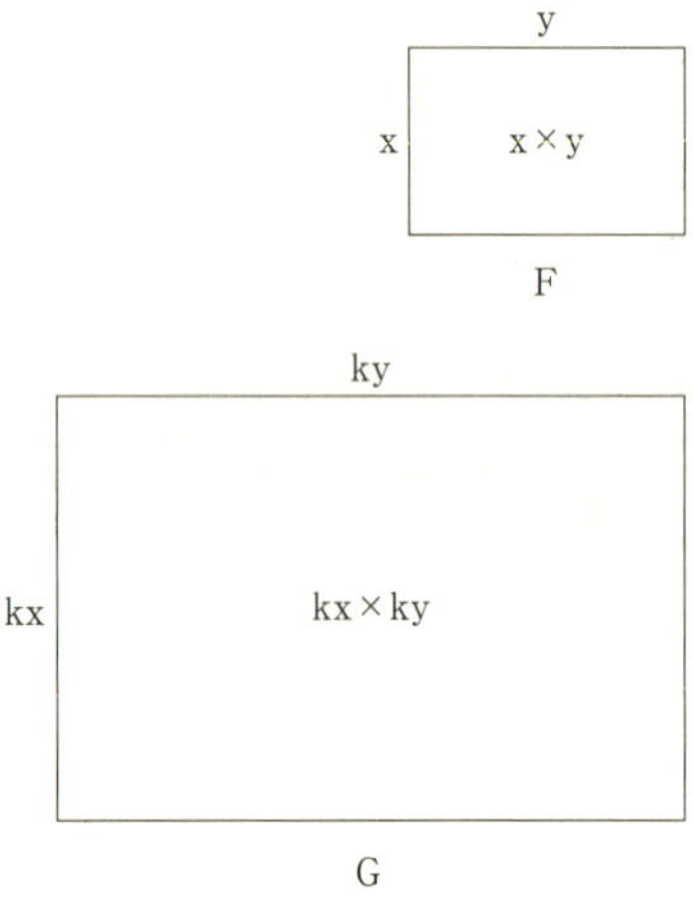

図3―1

これをきちんと証明するには、曲線図形の面積とはどういうものかを、精密に定義しなければならないが、紙幅の関係からおおざっぱにポイントだけを解説することとしよう。

まず、長方形の場合について証明して、一般の場合の準備としよう。図3―1のようにFとGが長方形であって、仮定のようにk倍の相似であるなら、Gの各辺はFの各辺のk倍になる。

したがって、面積は$k \times k = k^2$倍だ。つまり、長方形については法則が成立するとわかった。次に一般の相似図形FとGの場合を考えよう。ポイントは、図形Fにたくさんの小長方形を敷き詰めてみることである（図形Fが曲線図形の場合は、完全にぴったり敷き詰めることは不可能だが、長方形を十分小さいものにすれば、いくらでもすきまの面積を小さくすることはできるだろう。そうすれば、敷き詰めた小長方形の面積の和はおおよそ図形Fの面積と一致すると考えていい）。そして、その敷き詰めた各小長方形をすべてk倍に相似拡大する。GはFと相似なのだから、これらの長方形をGのなかの対応する位置に置けば、当然図形Gに同じように敷き詰めることになるはずである。各長方形は、さきほどの議論から、みなk^2倍なのだから、この拡大した小長方形の面積の合計は、もとの面積の合計のちょうどk^2倍になる。長方形がFにもGにも敷き詰められているのだから、これはつまり、「Gの面積」＝「Fの面積」×k^2となることを示していることになり、法則が正しいとわかった。

さて、この法則を使ってさきほどの算数の問題で答えがみな同じになってしまったからくりを解明してみよう。

実は、(イ)の図形は、(ア)の図形（つまり、正方形のなかに円が1個はまっている図形）を2分の1に相似縮小したものを4個くっつけて1つの図形にしたものである。したがって、さっきの法則を使えば、(イ)の円1つの面積は(ア)の円の面積の(1／2)×(1／2)＝1／4倍、すなわち4分の1となる。それが4個あるので、4つの円の面積を合計すると、もとの円の面積と一致してしまうわけである。同様に(ウ)の図形は(ア)の図形を3分の1に相似縮小したものを9個くっつけてできるから、9個の円の面積の合計は(1／3)×(1／3)×9＝1で、もとの円の面積と一致することになる。

この仕組みに気がつけば、面積が一致するということがもっと一般的に成り立つことがわかるだろう。n分の1に相似縮小した図形をn^2個くっつけて正方形を作った場合、それぞれの縮小正方形に内接する円の面積の合計は(1／n)×(1／n)×n^2＝1から、必ずもとの大きな円の面積と一致してしまうことになるのだ。

ここでミソになったのは、「面積がn^2分の1になることと、個数がn^2倍になることが同時に生じる」という点であった。ところで、図形のスケール（基本の長さ）がn分の1になると図形の個数がn^2個になったわけだが、この「2乗」の「2」という数字は、図形が「2次元（平面的）」であることから来るものである。3次元の図形（立体）で同じことを行うと個数はn^3個になる。実はこの観点が、あとからお話しする内容で大変重要な役割を果たすので、記憶にとどめておいてほしい。

ワットの蒸気機関のエピソード

「相似と面積の法則」に関して、おもしろいエピソードがあるので紹介しておこう。(8)

蒸気機関の発案者として有名なジェームズ・ワットのことはご存じだろう。しかし、最初に実用的な蒸気機関を作ったのは18世紀イギリスのトーマス・ニューコメンという人だ。彼の作った蒸気機関はニューコメン機関と呼ばれており、グラスゴー大学には、このニューコメン機関を正確に相似縮小した、実物通りに起動する模型が教育用に置いてあったという。

あるとき、この模型のほうを動かそうして、うまく起動しないことが問題になった。その原因がどうしてもつかめず、出入りの機械商人であるワットに相談がなされたのである。

ワットは、あれこれと思案して遂にその原因をつきとめた。ニューコメン機関では、蒸気をシリンダーに入れてピストンを押し上げたあと、シリンダー内の物質を冷却するために冷水を噴霧する。問題は、この冷水がシリンダーの壁を冷やすことにあった。これが原因となって、実物のニューコメン機関では起きないトラブルが、相似縮小した模型では起きることにワットは気がついたのだ。

仮に、模型を10分の1の相似縮小としてみよう。「相似と面積の法則」から、シリンダーの容積は10分の1の3乗で1000分の1となるが、壁の面積のほうは10分の1の2乗で100分の1にしかならない。すると、実物のニューコメン機関に対して、模型のほうでは壁の面積の容積に対する影響力が10倍大きくなってしまう。そのため冷えた壁が、新しく入ってきた蒸気を必要以上に冷やしてしまって、熱効率を悪化させて動かなくしてしまった、というわけなのだ。

このことをつきとめたワットは、模型のみならず実物のほうでもシリンダーを冷却させる方式を改良すべきだと思いつく。そして、シリンダーの外で冷却を行う方式を発明し、特許を得たのである。

ワットの歴史的な大発明の裏側には、このような「相似と面積（と体積）の法則」、すなわち算数の発想があったわけだ。

相似を使ってピタゴラスの定理を証明する

算数において、うまく解ける図形の問題というのは、図形の内部に、自分と相似な図形が埋め込まれていることを利用するタイプのものが多い。その典型的な例は、次の直角三角形の相似である。

三角形ＡＢＣは角Ａが90度の直角三角形（図３―２）。この直角の頂点Ａから斜辺に引いた垂線の足をＨとすると、新たにできる二つの三角形ＨＢＡとＨＡＣは、もとの三角形と相似になるのはよく知られた性質である（ちょっと考えると三つの角がそれぞれ同じになっていることがわかる）。つまり、三角形ＡＢＣの内部に、自分と相似な三角形がすきまなく敷き詰められた形になっているわけなのだ（36ページにも出てきたのをご記憶だろう）。

このように内部に全体と相似な図形が存在するときには、さっきの「相似と面積の法則」を応用すると、たいへん有意義な法則が導かれる。

三角形ABCと三角形HBAと三角形HACはすべて相似なのだが、その相似比は、（相似の対応辺である）斜辺の比を取り出して、BC：BA：ACとなる。したがって、「相似と面積の法則」から、これらの三角形の面積比は2乗比である（BCの2乗）：（BAの2乗）：（ACの2乗）となる。

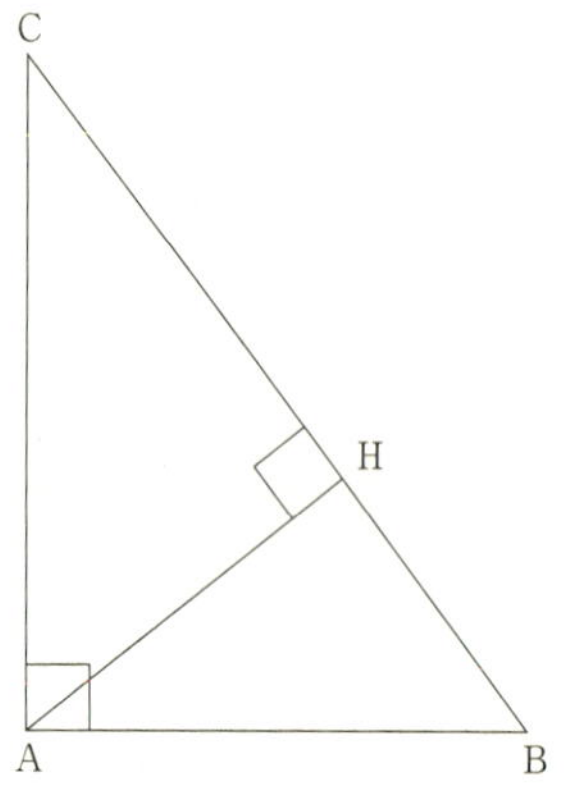

図3－2

一方、三角形ABCの面積はあきらかに三角形HBAの面積と三角形HACの面積を加え合わせたものだから、比についても後の2つを加え合わせると最初のものになるはずである。つまり、

BCの2乗＝ABの2乗＋ACの2乗

が得られるのである。これは誰もが一度はどこかで見たことのある式に違いない。そう、「直角三角形において、斜辺の2乗はほかの2辺の2乗の和である」という、いわずと知れた幾何法則「ピタゴラスの定理」だ。

この内部自己相似を使って、ピタゴラスの定理を証明する方法は、かのアインシュタインも幼少時に自分で発見していたとのことである。11歳のとき、叔父からユークリッド幾何学の手ほどきを受けると、すぐにこの証明に気がついたのだそうだ。

自己相似フラクタル

さて、このような「自分の内部に自分とそっくりな図形がある」という性質を徹底的につきつめたような図形が、20世紀に発見されることとなった。たとえば、20世紀初頭に数学者ヘルゲ・フォ

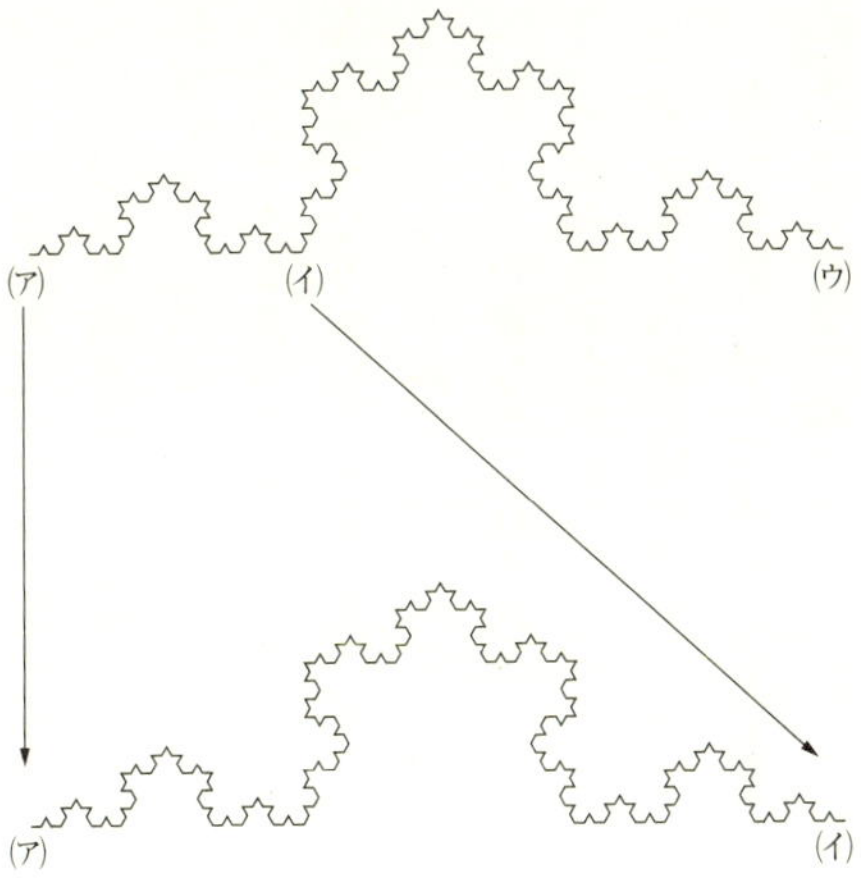

図3―3

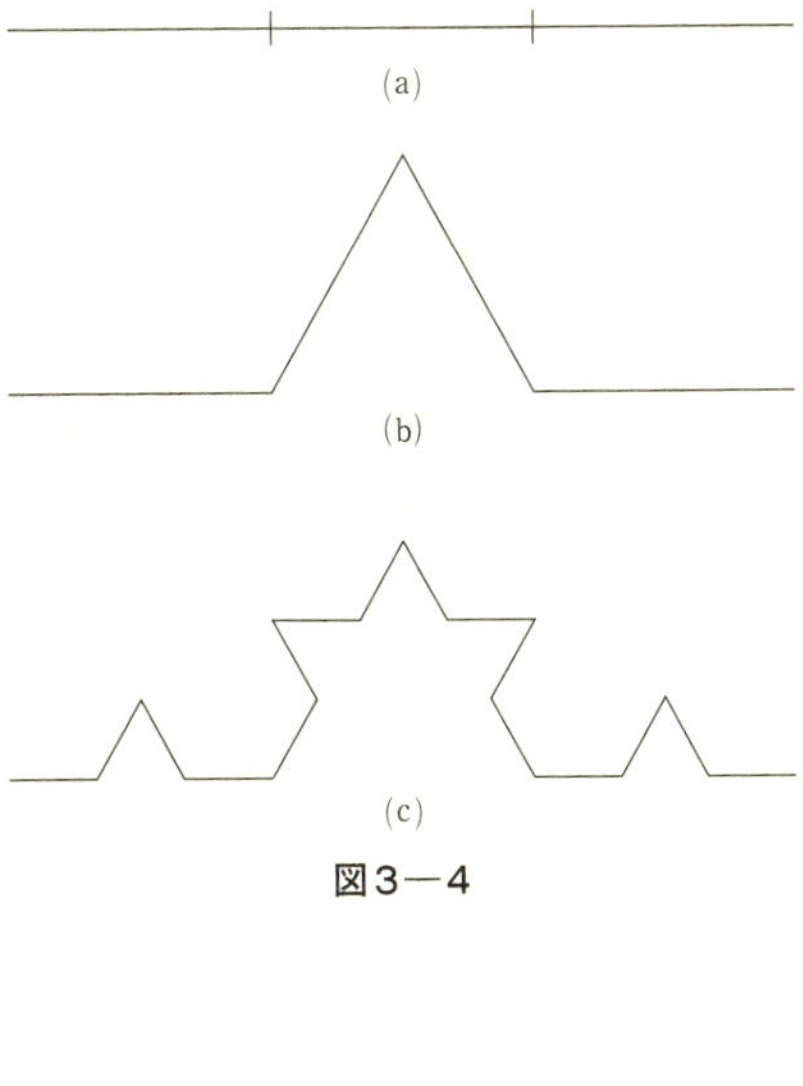

図3―4

ン・コッホが発見したコッホ曲線というのが、その代表的な例だ（図3―3）。

このコッホ曲線は、一部を取って相似拡大しても、全体と同じになっている、というおもしろい性質を備えている。

このような性質をもっている図形を**「自己相似フラクタル」**と呼ぶ。具体的にはコッホ曲線は、次のような方法で作図される。まず図3―4の、(a)のように線分を引き、次に、その線分を3等分して、真ん中の線分を、それを1辺とする正三角形の残りの2辺で置き換える。それが(b)。さらに(b)図の4本の線分をそれぞれ3等分し、それぞれの真ん中の線分をさっきと同じように正三角形の2辺で置き換えたのが(c)。

この操作を無限に繰り返すとコッホ曲線ができあがる、という次第だ。

「無限に繰り返した後にできあがる図形」といっても、現物を想像することははなはだ難しい。ただ、この作業工程をぐっとにらめば、図3―3に見られるような全体の3分の1にあたる左下の部分の曲線が、全体と相似であることはなんとなく納得できるようになるだろう。左下の部分の図（図3―3の(ア)―(イ)の部分）は、(b)の左端の線分を出発点として、同じ(a)→(b)→(c)→……の作業をほどこしたものだと理解できるから、全体（図3―3の(ア)―(ウ)）に対する作業より一工程だけ遅れているだけで、「無限回の作業」の末には、全体と同じ図形になっていると考えられるからである。

コッホ曲線も中学入試に出題されている

中学入試問題は、先端科学に敏感である。このコッホ曲線も10年以上前に出題されていた。

問題

（以下、図1、2、3は図3—4の(a)、(b)、(c)に対応するので略）

図1のような長さ1mの直線ABがあります。直線ABを3等分し、図2のように真ん中の部分を三角形CDEが正三角形になるように変えます。

次に、図3のように、直線AC、CD、DE、EBについても同じように変形します。

(1) 図3の折れ線全体の長さは何mですか。分数で答えなさい。

(2) 図3の折れ線に、同じ変形をあと2回行ったとき、折れ線全体の長さは何mですか。分数で答えなさい。

（95奈良女子大学附属）

解答は、作業工程を理解していれば、そんなに難しいものではない。各線分は、作業をほどこすことで、線分の長さが3分の4倍になる（3等分したものが4本）ことを見抜こう。そうすると、

(1)は、

$$1\times\frac{4}{3}\times\frac{4}{3}=1\frac{7}{9}\text{m}$$

同様に、⑵は、作業をさらに二回余計にほどこすので、

$$1\times\frac{4}{3}\times\frac{4}{3}\times\frac{4}{3}\times\frac{4}{3}=3\frac{13}{81}\text{m}$$

である。

シェルピンスキーのカーペット

自己相似フラクタルの例をもう一つあげておこう。

図3—5は、ポーランドの数学者ヴァツワフ・シェルピンスキーという数学者が発見したシェルピンスキー・カーペットと呼ばれる図形だ。作り方は簡単で、まず、正方形を3×3＝9等分し、真ん中の正方形を取り除く。次に、残った8個の正方形を同じようにそれぞれ9等分し、やはり真ん中の正方形を取り除く。この工程を無限に繰り返し、最後に残るのがシェルピンスキー・カーペットというわけなのだ。

図3—5

このシェルピンスキー・カーペットが、コッホ曲線と同じような、自己相似性を備えていることはあきらかだろう。たとえば、左上にある全体の9分の1にあたる図形は、全体の図形と相似になっているはずだ。その理由は、正方形を取り除く作業工程が全体より一工程分だけ遅れているとしても、無限の作業の後には同じ図形に到達していると考えられるからである。

マンデルブローの発見

これらの自己相似フラクタルという図形に最初に注目したのは、ブノア・マンデルブローという数学者だった。実際、「フラクタル」ということばは、1970年代にマンデルブローによって名づけられたものだ。「不規則な断片に砕かれた状態」を表すラテン語 fractus にもとづいているそうである。

実は、マンデルブローがフラクタル図形に注目したのは、名をつけたその20年以上も前の1950年代のことだったそうだが、不幸なことに、20年以上にもわたって誰も耳を貸してくれなかったらしい。しかし、このあと急速に、多くの研究者の関心を引くことになる。それは、自然現象や社会現象のそこかしこに、この自己相似フラクタルが見つかるようになったからであった。

実際、私たちの周りにも、自己相似フラクタル図形はたくさん存在する。雪の結晶などが典型的な例として知られている。雪の結晶を顕微鏡で拡大してみると、同じパターンが小さくなりながら繰り返されているのが見てとれるのである。また、入道雲などもよく見るとフラクタルになっている。入道雲は、大きなモコモコでできているが、目をこらしてそのモコモコをよく見ると、それがもう少し小さいモコモコでできていることが見てとれる。さらに、そのモコモコをもっと詳しく見てみると、さらに小さいモコモコからなっている。これがフラクタル図形の特徴である。野菜のカリフラワーにもこれと同じ構造が見られる。

また、それ以外にも「リアス式海岸」（これはあとで詳しく扱う）や「雷の稲妻」「樹木の枝」などにも見られる。これらではみな、一部を切り取ってよく観察してみると、全体の姿を相似縮小した形を見出すことができる。

何より、マンデルブローが報告して人びとを驚かせたのは、「株価の変動」がフラクタルだという事実だった。株価の変動を1日刻みでプロットしてできる折れ線も、1時間刻みのそれも、1分刻みのそれも、みな同じ形状になるのである。マンデルブローが、株価の変動が自己相似フラクタル図形であることを報告すると、がぜんフラクタルに注目が集まることとなった。株価の変動に何か規則が見つかれば、大もうけが可能になるかもしれないからであろう。

アインシュタインもフラクタルに気づいていた

物理学でも、さまざまなフラクタルが見つかっている。たとえば、「ブラウン運動」がその一つ。ブラウン運動というのは、1827年にイギリスの植物学者ロバート・ブラウンによって発見されたもので、水のなかの花粉が水を吸って膨らみ破裂して、1μm（1000分の1ミリ）ぐらいの粒子が飛び出し、その粒子がまったく不規則に飛び回る運動のことだ。

このような粒子の運動は、水が分子でできていて、それらが熱運動によって花粉の粒子に衝突し、粒子を動かすから起こるのではないか、と予想された。この時代にはまだ、分子や原子の存在は仮説にすぎなかったので、ブラウン運動に関するこの見解も単なる予想の段階を出ていなかった。この事実を証明するみごとな実験を創案したのが、かのアインシュタインであった。このアインシュタインの実験がその後正確に行われ、予想通りの結果を示した。それは同時に、「分子」というものの存在が確認されたことを意味した。

実は、このブラウン運動にも自己相似フラクタルが見出されるのだ。粒子の位置をたとえば60秒ごとに多数回観察して、その軌跡を絵にしてみることにしよう。これはあちこちでたらめに動く折れ線になる（幼児が画用紙にぐちゃぐちゃに線を引いたような感じを想像してほしい）。次に今度は1秒ごとに多数回観察して軌跡を図示することにする。このとき、その図は最初の絵をほぼ相似縮小したものになるのである。まさに、これは自己相似フラクタルである。

この事実にアインシュタインは意識的ではなかったにせよ気づいていたらしい。実際、アインシュタインのブラウン運動に関する論文には、驚くべきことにフラクタル性を示す式がきちんと書かれているのである。[9]

さきほど11歳のアインシュタインが、算数の相似を使ってピタゴラスの定理を証明したエピソードを紹介したが、ひょっとするとこの記憶が彼の脳裏にわずかに残っていて、それがヒントを与えたのかもしれない。

パーコレーションと臨界現象

物理学に見られるフラクタルの例をもう一つあげておこう。それは「パーコレーション（浸透）」と呼ばれる現象[9]である。

いま、2つの電極を適当な距離だけ離して、向かい合わせにし、あいだに電圧をかける。2つの電極のあいだには絶縁物質があるだけだとすると、当然、両極間には電流は流れない。ここで、あいだに微小な金属円盤をランダムにばらまく。ばらまかれた金属円盤が少数だと、2つの電極をつなげるように連なることはできないので、やはり電流は流れない。しかし、金属円盤の数を次第に増やしていくと、ある量に達したとき、突如電流が流れるようになる。それは、両極のあいだにランダムに散らばった金属円盤がうまく連なって電気の通り道を構成するからである。この電気が流れるようになるぎりぎりの状態を**「パーコレーション（浸透）」**という。このときに金属円盤の作る道は、株価の変動のような（あるいは稲妻のような）ぎざぎざの形になる。

このような現象は、ほかにも多々見られる。穴だらけの岩の一端から水を流し込んだときに他端から流れ出すなどは簡単な例。穴の個数が十分でないと、穴から穴へと水が流れて外に流れ出すことができないが、穴の個数がある程度多くなると、水を貫通させる経路ができる。また、果樹園の1本の木が罹患《りかん》した害虫病が、果樹園全体に伝染していく現象もその一例である。果樹がある程度の間隔で植えられているとどこかで害虫の伝染が止まるが、果樹が十分に近接すると害虫病は全体に感染し尽くすことになるからだ。

パーコレーションは、コンピュータで簡単にシミュレーションすることができる。大きな正方形を100×100に区切って1万個のマス目を作る。そして各マス目を確率pでランダムに黒く塗る。大正方形には、白黒模様ができる。このとき、上下のあるいは左右のマスがともに黒であるようなマスをつないでいってできる図形をクラスターと呼ぼう（図3―6）。大正方形の上下ないし左右の辺（2つの電極に相当する）をつなぐクラスターが存在した瞬間がパーコレーションとなるのである（電極間に電流が流れることと対応する）。

確率pが小さいとき、たとえばpが0・1のときなどは、黒のマスが少なすぎて、パーコレーションを起こすクラスターは存在できない。しかし、確率pを徐々に大きくしていくと、ある特定の確率p^*（この場合0・5928）に達した瞬間、突然大正方形の向かい合う辺をつなぎパーコレーションを引き起こすクラスターが生じるのである。このクラスターをパーコレーション・クラスターと名づける。

おもしろいのは、このパーコレーション・クラスターが不思議なことに、自己相似フラクタルに

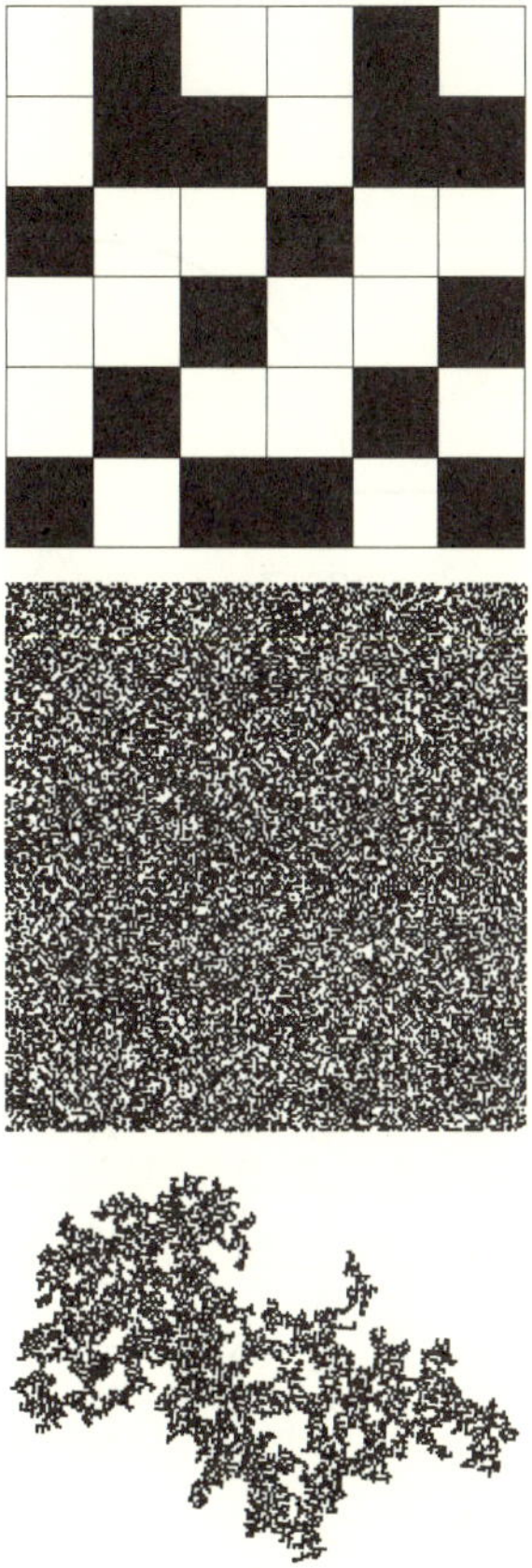

図3―6　上図はマス目の拡大図、中図は確率p^*の状態、下図はパーコレーション・クラスターを俯瞰したもの（松下貢『フラクタルの物理(I)』より）

なる、という点なのだ。このクラスターはさまざまな小クラスターから構成されるが、それらは全体を真似た図形になっているのである。

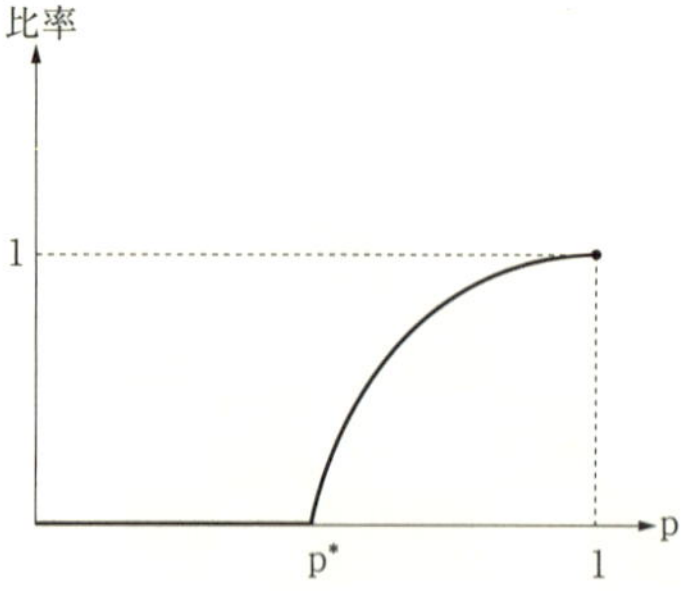

図3—7

パーコレーション・クラスターのもう一つの特徴は、**それが「臨界現象」を表現している**、ということである。確率pで黒を塗ったときに、全体のマスのうち、どのくらいの比率のマスがパーコレーション・クラスターに属するか、その比率をグラフにしてみる。当然のことではあるが、黒いマスでも島のように孤立したりしてパーコレーション・クラスターに属さないものもあるから、この比率はpとは必ずしも一致しない。pがp^*より小さいうち（たとえばpが0・3のとき）はパーコレーションは起こっていないので、当然この比率はゼロだが、p^*を超えるとその率は正数となり、次第に増加する。その増加の仕方が、図3—7のように「急激な隆起」の形状になるのである（これは「べき乗法則」と呼ばれる）。

これこそが臨界現象（p^*は臨界確率という）というものであり、次のようなことを意味する。電極間に電圧をかける例でいうと、「電流が流れるようになる」という現象は、「流れていない状態から流れているような状態にじわじわと移行して、その間にどっちともいえないようなあいまいな状態がある」というものではなく、「ここまでは電流は流れず、ここからは流れる」と**はっきり**

区別できる、ということなのだ。また、果樹園の害虫病の例でいえば、「果樹園が病気にやられているのといないのとの中間的状態」があるのではなく、「ある段階を超えると果樹園全体が感染してしまっているとはっきり認知される」ということなのである。

フラクタル図形は本当に実在するのか？

コッホ曲線とシェルピンスキー・カーペットに戻ろう。きっと用心深い読者なら、次のような疑問をもったことだろう。「コッホ曲線にしても、シェルピンスキー・カーペットにしても、無限の作業の末にできるものだ。ところが93ページや96ページで描かれたものは、完成品でなく途中経過の絵である。実際は途中で作業をやめている。そうすると、無限回作業した図形などはたして本当に存在するのだろうか」

確かに、たいていのフラクタル入門書では、ここのところをはしょっている。あたかも、コッホ曲線やシェルピンスキー・カーペットが「実在」するものであるかのごとく話を進めてしまっている。そこで、本書では、この「実在」のことをもうちょっとだけつっこんで解説することにする。一見、難しそうに感じられるかもしれないが、算数と座標の知識があれば、十分理解できることだ[10]。

まず、シェルピンスキー・カーペット。

図3―8のような座標平面上の1辺の長さが1の正方形で、頂点が(0, 0)、(1, 0)、(1, 1)、(0, 1)であるものをS_1と記すことにする。これはx軸とy軸の角にすっぽりはまった正方形である。

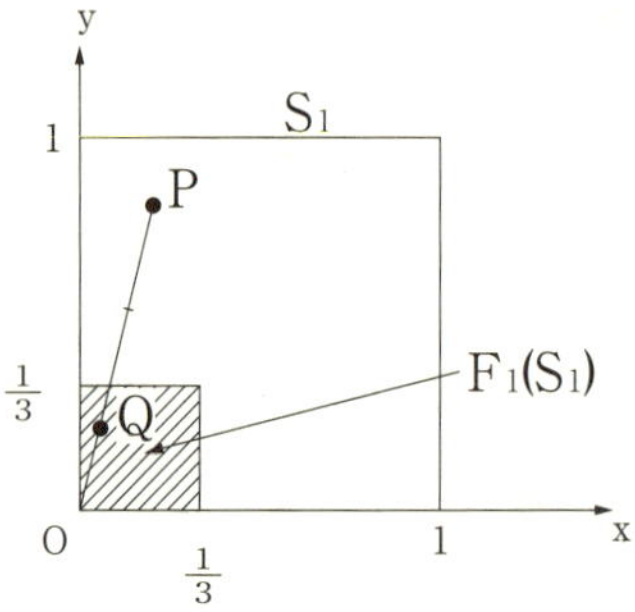

図3—8

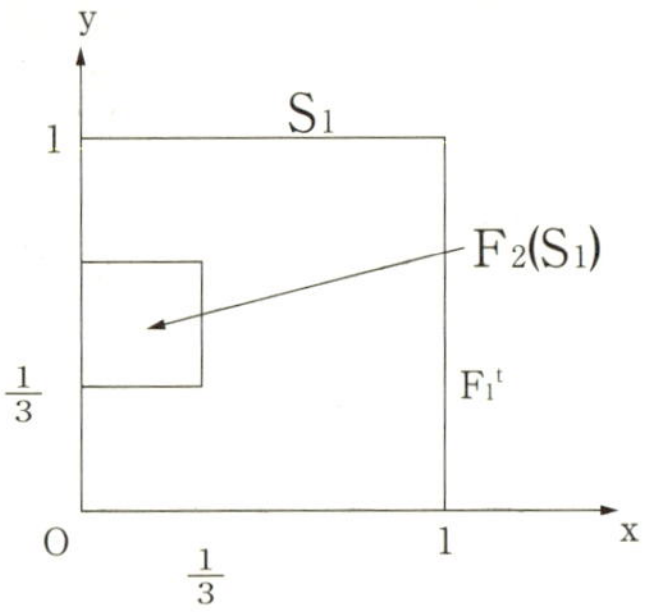

図3—9

次に正方形S_1内のすべての点をS_1内の別の点に移す次のような操作F_1を考えよう。F_1は、原点を中心にS_1を3分の1に相似縮小させる操作である（具体的には、図のように、S_1の各点Pに対し、線分OPをOの方角に3分の1に縮めた線分OQを作り、PをQに移すのだ）。正方形S_1のすべての点を操作F_1で動かした結果の点の集まりを$F_1(S_1)$と記すことにすると、$F_1(S_1)$は図斜線部の、原点のところにはまった左下の1辺が3分の1の正方形となる。

次に、別の操作F_2による点の移動を定義しよう。これはS_1正方形をいったん操作F_1で正方形$F_1(S_1)$に縮小したあと、3分の1だけy軸正の方向に移動させる操作である。この操作をF_2と記すのだ。そして、F_2で正方形S_1のすべての点を移動させてできる図形を$F_2(S_1)$と書けば、それはさっきの正方形$F_1(S_1)$をy軸正の方向に3分の1移動させたものにすぎない。それが図3—9。

同じように、あと5個の操作を定義しよう。これらの操作で正方形S_1のすべての点を移動させた点でできる図形$F_3(S_1)$、$F_4(S_1)$、$F_5(S_1)$、$F_6(S_1)$、$F_7(S_1)$、$F_8(S_1)$はそれぞれS_1を9等分してできる正方形の左上、真ん中下、真ん中上、右下、右真ん中、右上の正方

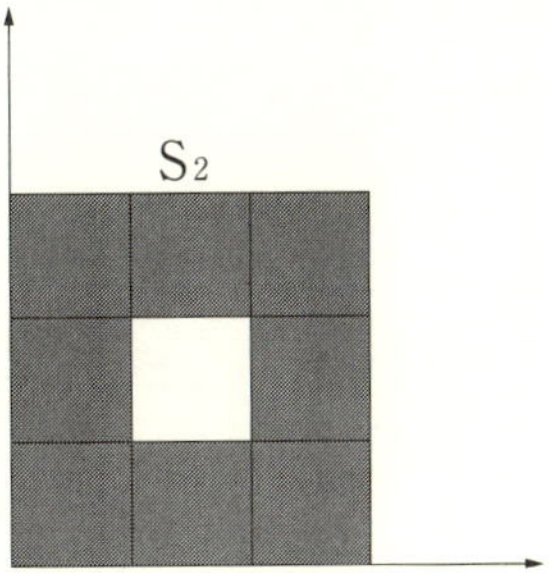

図3―10

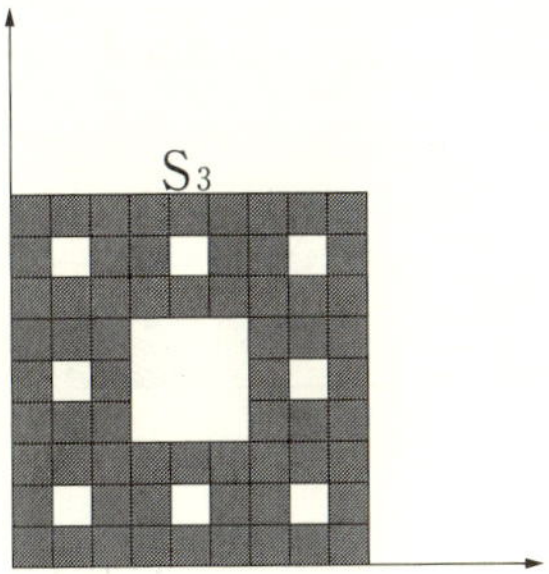

図3―11

形になる。そこで$F_1(S_1)$～$F_8(S_1)$の8個の正方形を合併した図形をS_2と記すことにする。このとき、S_2はS_1の真ん中に正方形の穴の空いたものにほかならない（図3―10）。さらに今度は、このS_2をもとの図形と見たてて、再びF_1～F_8の8個の操作をほどこして、8個の図形$F_1(S_2)$, $F_2(S_2)$, $F_3(S_2)$, $F_4(S_2)$, $F_5(S_2)$, $F_6(S_2)$, $F_7(S_2)$, $F_8(S_2)$を作る。これは、S_2を3分の1に相似縮小した図形8個を正方形の周囲8カ所に置いたものになるはずだ。

ここまでくれば読者にもシェルピンスキー・カーペットとの関係がきっと見えてきたに違いない。まったく同じように、S_2に対して、8個の操作をほどこして作った8個の図形を合併して1つの図形とみなし、それをS_3と書こう（図3―11）。

さて、いよいよ急所の解説に入る。

ここで正方形S_1内の、なんでもいい任意の一般図形Eをとって、F_1～F_8の8個の操作で図形Eを移動させ、できた8個の図形$F_1(E)$～$F_8(E)$を合併して一つの図形としたものを、簡単に$F(E)$と書くことにしよう。この操作Fを使うと、さっきの図形も$S_2=F(S_1)$とか$S_3=F(S_2)$などと簡単に書き表せるから便利なのだ。

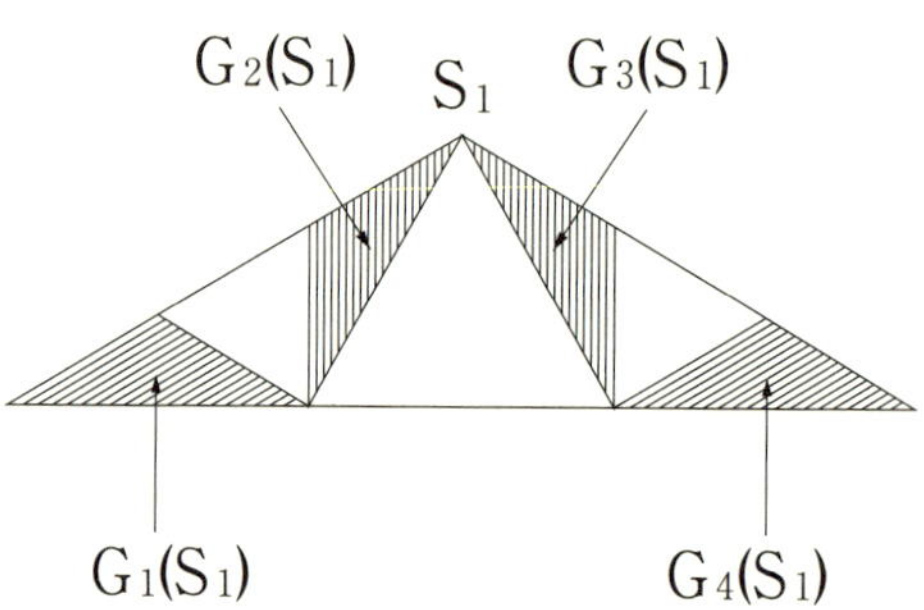

図3―12

このとき、この操作Fで不変であるような図形S、つまりF(S)＝Sを満たす図形こそがシェルピンスキー・カーペットなのである。実際、正方形を9等分して真ん中をくりぬく操作を無限回ほどこした図形なるものが存在するとして、それをSとすれば、F(S)＝Sを満たすであろうことは容易に想像できよう。Sを9等分した真ん中を除く8個の正方形は全体を相似縮小したものになっているから、$F_1(S)$〜$F_8(S)$と一致しているはずだ。だからこれら8個を合併した図形はSに戻るだろう。

つまり、「9等分して真ん中をくりぬくという無限回の操作をほどこしてできる図形」ということを、まったく内容を損なうことなく、「Fという一つの操作に対して不変なこと」といいかえることができたのである。

あとに残った作業は、F(S)＝Sという方程式の解となる図形Sが存在するかどうか、ということになる。そういうF(S)＝Sを満たすSが実際に存在していることと、しかもそれが唯一であることを証明しなければいけない。これは数学者たちの職務であり、彼らがきちんと片づけてくれているが[10]、かなり複雑になるのでここでは省略しよう（数学ファンのために一言コメントすると、F(S)＝Sの解Sが存在し唯一であることを証明するには、「完備距離空間の縮小写像定理」というのを用いるのだ)。

コッホ曲線のほうも同じように、相似縮小を合併させるような操作に対する不変図形として特徴づけることが可能である。

図3—12における一番大きな三角形をS_1とする。そのS_1を3分の1に相似縮小してそれぞれ斜線部の4つの場所に置くような4つの操作をG_1、G_2、G_3、G_4と定義しよう。S_1内の任意の図形EをG_1、G_2、G_3、G_4で移動させてできる4つの図形を合併して1つの図形にしたものをG(E)と書くことにすれば(図3—12でいうと斜線部全体がE＝S_1に対して作ったG(E)にあたる)、G(S)＝Sを満たす図形Sこそがコッホ曲線というわけなのだ。

それを理解するにはむしろ、「図と地」でいう「地」のほうに注目するといい。G(S_1)というのが、S_1から地の正三角形(斜線部でないほう)3つを取り除いて残る図形である、という見方をすれば、おおよそわかってくるはずだ。だんだん細かく数も多くなる正三角形をどんどん削り取っていくと、ぎざぎざの図形が残るだろう。それがコッホ曲線というわけだ(石を削る彫刻をイメージするといいかもしれない)。

フラクタル図形の長さや面積を考える

以上で、シェルピンスキー・カーペットやコッホ曲線は、どうも「実在」するものらしい、とわかった。しかし、残念ながらそれを視覚ではっきりととらえることはできない。お見せした絵は、あくまで有限回の操作で止めた「まがいもの」でしかない。

一番問題になるのは、これらの図形の「長さ」とか「面積」など量的なものだろう。図示したコッホ曲線「もどき」はあきらかに長さが有限の値だが、無限の操作をほどこしてできる「本物のコッホ曲線」では、どうだろうか。また、図示したシェルピンスキー・カーペット「もどき」にはあきらかに面積があるが、無限の操作をほどこしてできる**「本物のシェルピンスキー・カーペット」にも面積はあるのだろうか**。

まず、コッホ曲線のほうを考えよう。これは、95ページで中学入試問題について解説したことを延長すればいい。最初に用意する線分(a)の長さを1とする。1回の操作をして図(b)を作ると、長さは(a)の3分の4倍で、3分の4になり、次に(b)の各線分に、同じ操作をほどこすと、また各線分の長さが3分の4倍となり、もう一回3分の4を掛けて9分の16となる。

同様にして、操作のたびに長さは3分の4倍になるので、n回操作をほどこすと3分の4のn乗の長さになることがわかる。3分の4は1より大きい数だから、掛けるといくらでも大きくなる（だいたい3割増しずつになる）。したがって無限の操作をほどこした結果のコッホ曲線の全長は「無限」ということになるのだ。

シェルピンスキー・カーペットでは、これと逆のことが起きる。1回の操作で各正方形から9分の1の正方形が取り除かれるので、面積は9分の8倍になることがわかる。これは1より小さい数なので、操作を繰り返すごとに面積は小さくなり（だいたい1割引きずつになり）、無限回の操作後には面積はゼロになってしまうのだ。

「次元」をとおしてイメージをつかむ

以上の結果で、コッホ曲線やシェルピンスキー・カーペットの真の姿は、93ページや96ページの図から私たちがイメージしている印象とはかなり違うものであることがおわかりになるだろう。

コッホ曲線は無限に折り返されるギザギザの図形で、その長さは無限である。こんなことを空想してみよう。(幅をもたない)無限に長いヒモを平面上の一定の区域に、そこからはみでないように貼り付けていく。はみでないようにするには、非常に細かく折りたたみながら、ぎゅうぎゅうにして敷き詰めていくしかないだろう。するとできあがった図形は、「線」というよりは、「線をにじませたもの」とか「インクのシミが広がっていった周辺部」として知覚されてくることだろう。これが、コッホ曲線の正体をわからないなりにも少しだけ厳密に想像してみたものだといえる。

シェルピンスキー・カーペットのほうも似たような感じである。正方形を1個、8個、64個……と、次々と取り去っていくと、無限本の線分が縦横無尽に交差するような図形が残るということが空想される。穴の空いた板というよりは、線で編み上げられた畳やゴザのようなものを思い浮かべるほうが正しい。

では、このような漠然とした「ことばによるイメージ理解」ではなく、もっと的確にこれらの図形をとらえる方法はないだろうか。これに関して、数学者たちは実に巧妙な方法を編み出した。そ

れはこれらの図形に「次元」を定義することだ。

ご存じのように1次元空間というのは、直線を空間とみなしたときの、その空間としての膨らみ（自由さ）のことだ。1次元では一つの方向に行きつ戻りつしかできず、その空間で量を測るときは「長さ」を使う。たとえばメートル（m）がその一つの単位だ。

2次元空間というのは、平面を空間とみなしたときの、その空間としての膨らみ（自由さ）のことである。2次元では、前後にも左右にも斜めにも移動でき、量は「面積」を使う。単位は平方メートル（㎡）などを用いる。2次元空間には、無数の1次元空間が埋め込まれている。

ここで注目すべきことは、「次元」の数字が「m（メートル）の指数」に表れることである。これが、このあと大切な役割を担うことになる。

このようにn次元のnが図形のおおまかな姿、その「ふくよかさ」や「移動の自由さの加減」をとらえる（表す）なら、自己相似フラクタル図形も「次元」によってその姿形がわかるのではないか、そう数学者は思い当たったのである。

コッホ曲線は、線分を折り続けたものだから、1次元「以上」の図形である。しかし、無限に細かく折りたたみ敷き詰めているので、1次元より「少し高い」次元だという感じがする。とはいっても、べたーっと平面をすきまなく埋めてしまうわけではないので、2次元よりは確実に低いだろうとも思える。つまり、「コッホ曲線の次元は1と2のあいだにあるのではないか」と予想されるわけだ。

同じような推論で、「シェルピンスキー・カーペットの次元も1と2のあいだ」という予感をもたれることと思う。

では、本当にそうなのか、そして本当ならどうやってその次元を見出せばいいのか。そもそもnが整数でないような次元をどうやって定義すればいいのか。これについて、ベーカー・ハウスドルフという数学者がすばらしいアイデアを思いついたのである。

次元を計算するのに算数が役に立つ

ではフラクタル図形に「次元」を定義する、その巧妙な方法をご説明しよう。それには、まさに86ページと91ページで解説した二つの算数のテクニックを使うのである。

まず、「次元の特徴」をさぐるために、正方形を例にとってみる。正方形Sを用意し、一辺の長さが半分であるような別の正方形を考えよう。これはSを2分の1倍に相似拡大したものだから、「スケール2分の1の正方形」と呼ぶことにしよう。正方形Sは、このスケール2分の1の正方形4個S_1、S_2、S_3、S_4を重なりなく敷き詰めることで作れることは、図3—13からあきらかである。

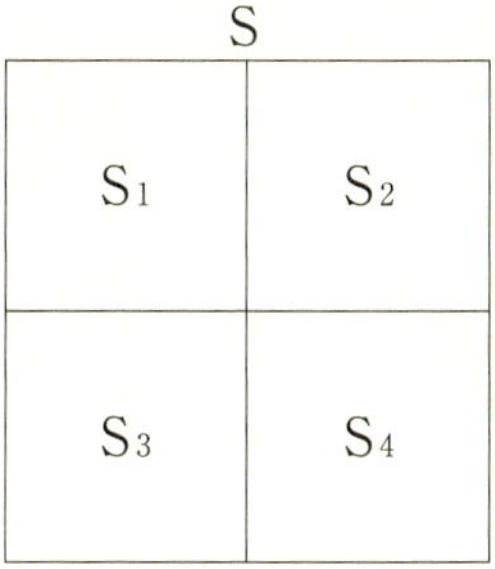

図3—13

また他方、前に解説した「相似と面積の法則」により、Sをk倍に相似拡大した図形の面積はSの面積のk^2倍になるから、S_1、S_2、

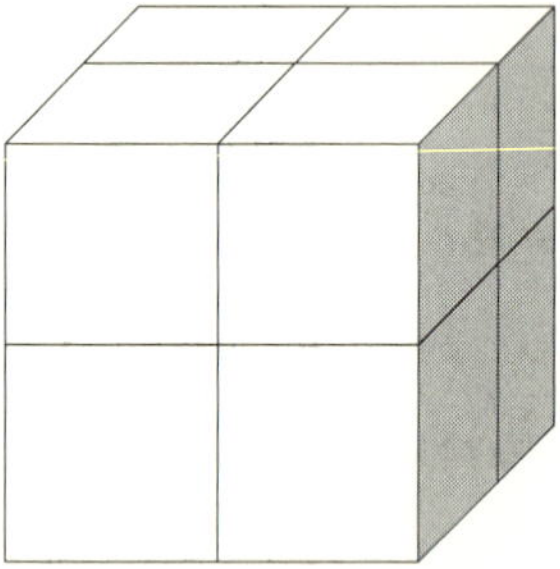

図3―14

S_3、S_4の面積はそれぞれSの面積に対して、「拡大率の2乗」=「2分の1の2乗」=4分の1となる。この2つの性質を合わせると次の等式が得られる。

$$\left(\frac{1}{2}\right)^2+\left(\frac{1}{2}\right)^2+\left(\frac{1}{2}\right)^2+\left(\frac{1}{2}\right)^2=1$$

この式をことばで解釈するなら、「正方形を半分のスケールに相似縮小した正方形を4個集めると、自分自身を再構成できる」ということになる。つまり、

【次元と埋め尽くし個数の法則】
相似縮小のスケールを次元乗した数を埋め尽くしの個数分だけ足すと1になる。

という法則が得られる。

このあたりまえに見える法則のうまいところは、これを見知らぬ図形の「次元」を知るために逆用できる、という点なのである。たとえば、次のような図形Xを考えてみよう。

「図形Xはスケール2分の1の相似図形8個で重なりなく埋め尽くすことができる」

この図形Xの次元mはいったいいくつだろうか。それには今の「次元と埋め尽くし個数の法則」

を逆用して、

$$\left(\frac{1}{2}\right)^m+\left(\frac{1}{2}\right)^m+\left(\frac{1}{2}\right)^m+\left(\frac{1}{2}\right)^m+\left(\frac{1}{2}\right)^m+\left(\frac{1}{2}\right)^m+\left(\frac{1}{2}\right)^m+\left(\frac{1}{2}\right)^m=1$$

を満たすmを求めればいいのだ、と見抜ける。具体的な計算で求めてみよう。

まず、m＝1を代入する。左辺＝4で1と等しくならない。つまり、1次元ではない。

m＝2を代入しても、左辺＝2だから1に等しくならず、やはり2次元でもない。

m＝3のとき、左辺＝1となってぴったり等号が成立することになった。つまり、図形Xは3次元の図形だと判明したのである。実際図3―14のように、立方体はスケール2分の1の立方体8個によって重なりなく埋め尽くすことができるから、これが実例を与えている（角砂糖を8個積んだ図を想像してみよう）。

フラクタルの次元を求めよう

いよいよ「次元と埋め尽くし個数の法則」を利用してフラクタル図形に次元を導入しよう。まずは、シェルピンスキー・カーペット。

シェルピンスキー・カーペットを図形Sとすると、Sは自分を3分の1に相似縮小したスケール3分の1の図形8個で敷き詰められることは解説した。

具体的には図3―15のような工程で、3分の1倍の相似縮小によってできる8個の図形を合併す

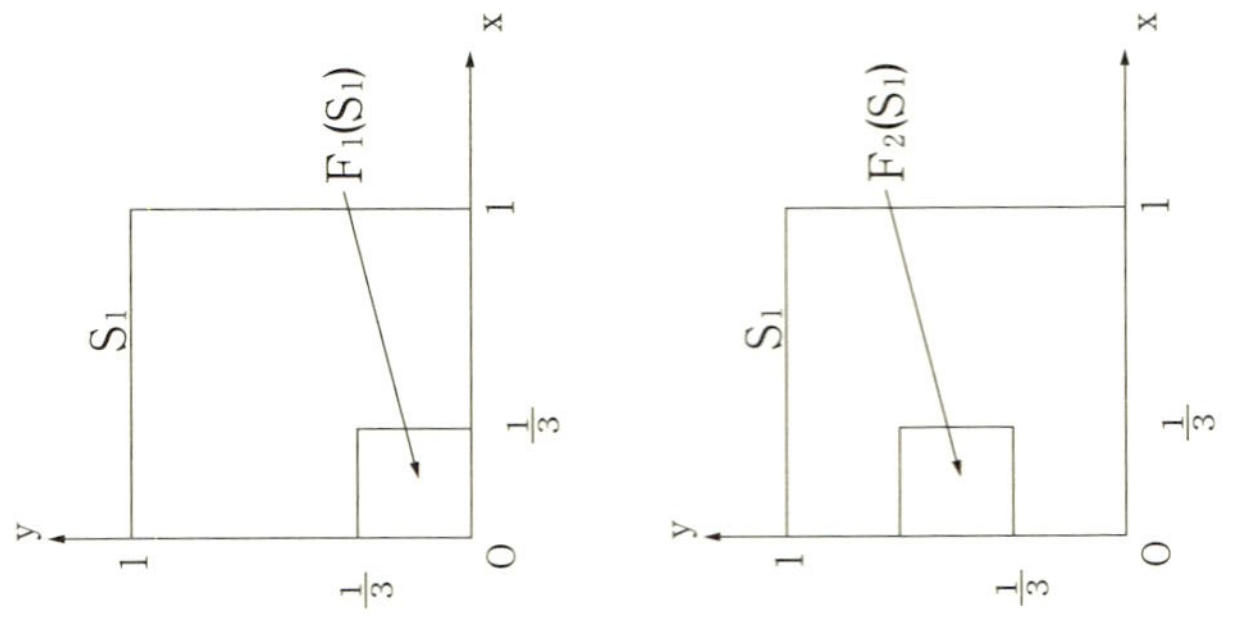

図3—15

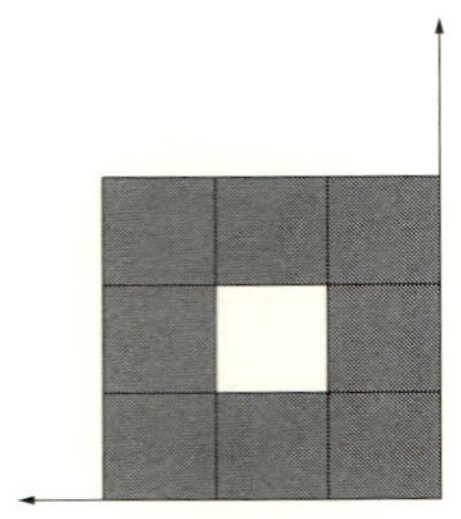
図3—16

るともとの図形Sになるのだった（図3—16）。

これで「次元と埋め尽くし個数の法則」を利用する準備が整った。図形Sはスケール3分の1の図形8個で埋め尽くされるのだから、図形Sの次元をmとすれば、

$$\left(\frac{1}{3}\right)^m+\left(\frac{1}{3}\right)^m+\left(\frac{1}{3}\right)^m+\left(\frac{1}{3}\right)^m+\left(\frac{1}{3}\right)^m+\left(\frac{1}{3}\right)^m+\left(\frac{1}{3}\right)^m+\left(\frac{1}{3}\right)^m=1$$

つまり、

$$\left(\frac{1}{3}\right)^m\times 8=1 \qquad \cdots\cdots ①$$

を満たすということになる。mを探してみよう。

m＝1を入れてみる。左辺＝3分の8だからこれは1より大きく、成立しない。つまり1次元ではない。予想通りである。次にm＝2を代入してみる。左辺＝9分の8で今度は1より小さくなって、やはり成立しない。だから2次元でもないようだ。左辺＝1となるmは1と2のあいだにあるのだろうとわかる。つまり、「シェルピンスキー・カーペットの次元は1次元よりも高いが、2次元よりは低いだろう」という私たちの直感が裏づけられたわけだ。実際、関数電卓やエクセルなどでこのmを求めると、おおよそ1・89となる。

つまり、シェルピンスキー・カーペットは、おおよそ1・89次元と考えていいことになったのだ。これは、2次元よりは低いので、「面積」はもたない。しかし、かなり2次元に近いので、無数に交差する直線たちが、畳のような模様を形成している感じなのだろう、ということもわかる。

同じように、コッホ曲線に対しても次元を見つけてみよう。コッホ曲線に対しては、図3―12のように全体を相似縮小して、「図」（つまり斜線部）の場所に置くような4つの関数G_1、G_2、G_3、G_4があり、それらで作った4つの相似図形で全体を埋め尽くすことができた。これら4つの相似縮小図形は、見ての通りスケール3分の1の図形になっている。したがって、「次元と埋め尽くし個数の法則」から、

$$\left(\frac{1}{3}\right)^m+\left(\frac{1}{3}\right)^m+\left(\frac{1}{3}\right)^m+\left(\frac{1}{3}\right)^m=1$$

つまり、

$$\left(\frac{1}{3}\right)^m \times 4 = 1$$

を満たすmがコッホ曲線の次元だということがわかる。

これを満たすmはおおよそ1・26。これでコッホ曲線はだいたい1・26次元だとわかった。これは1次元より高いので、コッホ曲線は「線」ではない。しかし、2次元（平面）にはほど遠いので、かなりスカスカだと考えられる。また、シェルピンスキー・カーペットの次元よりもだいぶ低いので、シェルピンスキー・カーペットにくらべても、「もやもや」の感じや、「かすみがかった」度合いは、だいぶ低いということがわかった。

以上のような方法で定義された次元を、**「フラクタル次元」**という。

リアス式海岸のフラクタル次元

ついに、自己相似フラクタル図形に次元を定義する方法が与えられた。この方法を利用すれば、数学的なフラクタル図形ばかりでなく、自然のなかに見出されるフラクタル図形にもフラクタル次元を計量することができるはずである。そしてそれができれば、自然の姿を新しい観点から認識できるようになるだろう。

一例として、「リアス式海岸」が自己相似フラクタルだということに触れておくことにしよう。

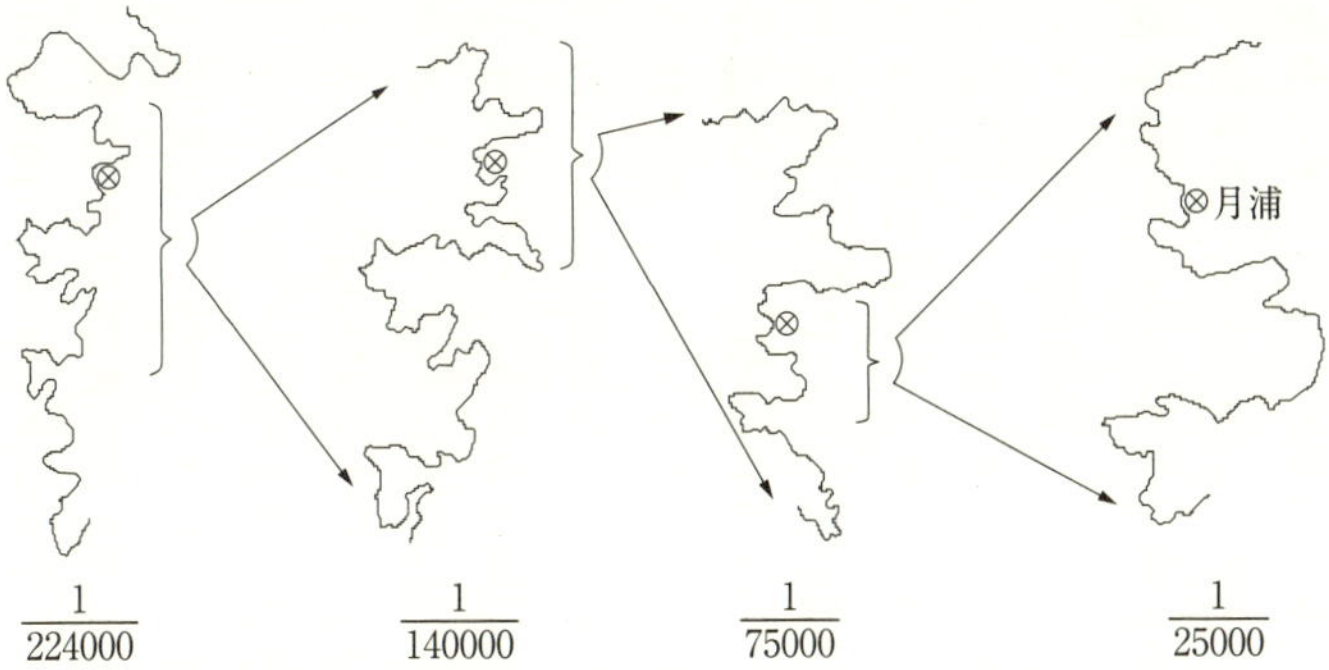

図3—17　牡鹿半島西海岸線を次々に拡大したもの（松下貢『フラクタルの物理(I)』より）

図3—17は松下貢『フラクタルの物理(I)』から引用したもので、宮城県の牡鹿《おしか》半島の海岸線をトレースしたものである。[9]確かに、海岸線の一部を拡大して細かく見ると、全体と似たようなデコボコが観察されるので、フラクタル図形らしい、という感じがする。松下によれば、「次元と埋め尽くし個数の法則」でフラクタル次元を測ると、おおよそ1・3次元だという結論が得られるそうだ。つまり、リアス式海岸のぎざぎざした感じは、コッホ曲線のそれに近いものだ、ということがわかる。

海岸線がフラクタルだ、ということは何を意味するのだろうか。海岸線というのは、海と陸との境界線を表すものである。それの次元がはっきり「1」ならば、それは海と陸とが線で分けられていることになり、「ここからは海でここからが陸とはっきりしている」ことを意味する。海岸線のフラクタル次元が「1・3」ということは、それよりは多少の**「境界の曖昧性」**が残されている、と考えることができるだろう。

日本家屋におけるフラクタル

建築家の芦原義信によれば、日本家屋はこのようなフラクタル性を活かしているとのことだ(11)。日本家屋には「境界の曖昧性」がある、というのがその意味するところである。

たとえば、ひと昔前の一般的な日本家屋には、軒や縁側というのが存在していた。これは、家屋の外部と内部の境界線上にある一種の「公共空間」であり、また、市民のコミュニケーションの場でもあった。さらに芦原は、「ベランダに干される洗濯物」という風景も、貧しさの象徴としてネガティブにとらえるのではなく、この日本固有の「境界の曖昧性」の発露として解釈している。

このような芦原の、建築様式にもとづいた都市論は、ル・コルビジェの合理主義的・機能主義的な都市論へのアンチテーゼを打ち出したものだと見ることができよう。コルビジェは、都市の設計は機能性を優先すべきであり、そこには固有の美がある、ということを主張して、いくつかの都市を実際に設計した。それらの都市は、まっすぐで格子状の道路と、区域を機能別にまとめたゾーニングによって構成されていた。

しかし、これらのうち、プルーイット・アイゴー団地（セントルイス）やチャンディガール（インド）などの都市は、あきらかな失敗作である、という指摘がなされた。機能優先の都市は、非人間的で、交通事故や犯罪に満ちた「冷え冷えした都市空間」になってしまったというのだ。

芦原は、このような西洋的合理主義にもとづいた都市の設計に対抗するものとして、日本家屋に象徴される都市のあり方をあげたのである。ポイントは、日本家屋の「境界の曖昧性」という思想だったのだが、その再評価に「フラクタル」という数学概念が用いられていることは興味深いことである。

フラクタルが暴く経済社会の秘密

フラクタルという図形認識を、芦原のように社会を見る目に活かすことは、ほかにもできないだろうか。もっとも重要な応用例は、パーコレーションに見られるような臨界現象であろう。

たとえば、経済社会では、ある年を境に、好況と不況が入れ替わる。日本国民にはバブルから平成不況に転じたあの苦い経験はいまだに生々しい。どうしてこのような現象が起きるのであろうか。筆者には、その背後に臨界現象のようなメカニズムが働いている予感がするのである。

実際、数理経済学者のジョゼ・シャインクマンとマイケル・ウッドフォードの1994年の共同論文[12]には、パーコレーションに想を得たモデルが提示されていて、それはポール・クルーグマンの著作『自己組織化の経済学』[13]にも引用されている。彼らのモデルをパーコレーションの節で説明に使ったマス目の白黒モデル（図3―6の上図）に置き換えて説明しよう。

いま、100×100のマスの境界線になっている101本の各縦線上に企業があるとする。企業は自分より1つ左の境界線上にある2つの企業から商品を購入し、それを投入して2個の自社製品を作ることができる。在庫は1個までもつことができると仮定する。自分よりも1つ右の境界線上の企業から注文が来たとき、在庫が1個あれば、それを販売して在庫をゼロにする。他方、在庫がなければ、自分より左の企業に注文を出し、購入した2個の商品を投入して作った2個の自社商品のうちの1個を注文に従って（右の企業に）販売し、1個は在庫にする。

このことは次のように置き換えることができる。マスが黒ければ在庫がない状態で、白ければ在庫がある状態とみなす。そうすると、パーコレーション・クラスターが存在しない状態というのは、正方形の辺をつなぎきるような黒のマスの経路が存在しない状態で、ところどころ白いマスで経路が切断されている。この状態では、ほとんどいたるところに在庫をもっている企業が存在していて、最終セクターから発注された注文の連鎖は、その在庫を抱えた企業が在庫を崩すことで止まってしまう。つまり商品の需要が、企業全体の活発な生産活動には結びつかないのである（これは不況の状態といっていい）。他方、パーコレーション・クラスターが存在する状態というのは、黒のマスをつないでいって正方形の辺（この場合は左右の辺）を結ぶことができることを意味していた。これが対応するのは、最終セクター（消費者にもっとも近い右端の企業）が出した注文が、あらゆる段階の企業で生産を誘発する、すなわち、生産が注文を呼び、注文が生産を促す、という連鎖が生じることを意味する（これは好況といっていいだろう）。

このように白黒のマスモデルを経済の話に置き換えると、経済の好況不況の切り替わりが、じわじわと不明瞭な遷移《せんい》状態ではなく、**くっきりはっきりとした「相転移」である**、そういう可能性を示唆することができる（相転移とは物理学では、液体が固体に変化するような、相［化学的・物理的な一定の状態］の転換をいう）。さらに、このモデルからは、全体として在庫の量が、臨界値近くににじりよるような性向をもっていることがわかる。つまり、経済はいつも臨界値付近の状態にあると思っていい。とするなら、ちょっとした経済へのゆさぶりが起これば、それは生産の状態をも大きくゆさぶることになるだろう。なぜなら、臨界値をまたいでその下にいけば（黒マスが減少してパーコレーション・クラスターがとぎれる＝消失することに対応する）、経済は突然、好況から不況に転げ落ち、逆なら、突如不況を脱出して、好景気が舞い降りてくるからだ。このモデルをやや手前勝手に解釈するなら、資本主義経済という経済制度自体が不安定な面を強くもっている、という主張につなげることもできる。

このように経済社会を「自己組織化の現象」としてとらえるときに、すなわち、自らの内部に自らを規律化し全体を構成するメカニズムが存在するという視点で経済社会を見るときに、フラクタルは欠かせない道具となるのである。

第Ⅱ部

やわらか思考で、社会のしくみを読みとく

第4章●「仕事算」から経済成長理論へ——景気低迷を読みとく思考

仕事算の考え方

この章では、仕事算とそのバリエーションであるニュートン算をテーマにする。これらは、算数固有の問題といっていい。その後、中学数学や高校数学ではほとんどお目にかからないものだからである。しかし、その発想は、経済学者である筆者には、実に興味深いものなのだ。

本章では、仕事算・ニュートン算から、最新の経済理論へと飛び立ってみようと思う。

まずは、仕事算のほうから紹介しよう。超基本は次のタイプ。

> **問題1：仕事算の基礎**
>
> Aさん1人で部屋の掃除をすると45分かかり、AさんとBさんの2人ですると18分かかります。もし、Bさん1人で掃除をすると何分かかりますか。
>
> （05大阪大谷）

この問題のおもしろさは、「仕事量」というその後の数学学習にはほとんど登場しない量を扱うところにある。ところが、仕事量というのは、社会人にとってはむしろ日常茶飯事である。数学が縁遠くなっても、こっちはずっと身近である。実際、「一仕事してこよう」とか「1人で3人分の仕事をこなす」などという表現は普通に使われるだろう。

仕事算を解くコツは、「全体の仕事量」に単位を設定して、「1人が1分あたりどのくらいの仕事をするのか」、そういう「1あたり量」を割り出すことだ。

たとえば、この問題の場合は、部屋の掃除という仕事の「量」を設定しなければならない。ひとことで「部屋の掃除」といっても、ちらかした雑誌やCDを片づけることから、掃除機をかけること、机の上を拭いたりすることまで、そこにはさまざまな作業が含まれる。だから、これらをひとくくりにして、「仕事量」という「量」を設定するのは、かなり抽象的なことだといっていい。仕事算が解きにくい背景には、このような原因もあるのだろう。

仕事算では、仕事量をうまい単位で設定するのがコツである。割り算が途中で分数にならないように、ここでは全仕事量を45と18の最小公倍数、すなわち90と設定する。

Aさんは、この仕事量を45分でこなすので、1分あたりには90÷45＝2単位だけ仕事をすると考えられる。また、AさんとBさんは2人で仕事をすると、この仕事量を18分でこなすので、2人での1分あたりの仕事量は、90÷18＝5単位だとわかる。

したがって、Bさん1人の1分あたりの仕事量は、5－2＝3単位ということになる。だから、仕事量90の仕事をBさん1人でこなすには、90÷3＝30から30分かかることになる。

込み入った問題をどう整理するか

問題1は、仕事算の基礎編である。しかし、仕事算が入試問題に出題されるときは、もっと複雑化されることも多いようだ。次の問題などが典型的な応用問題であるが、お読みになって実感されるように、問題文を読んでいるうちに頭のなかがごちゃごちゃになってきそうである。

問題2：仕事算の応用

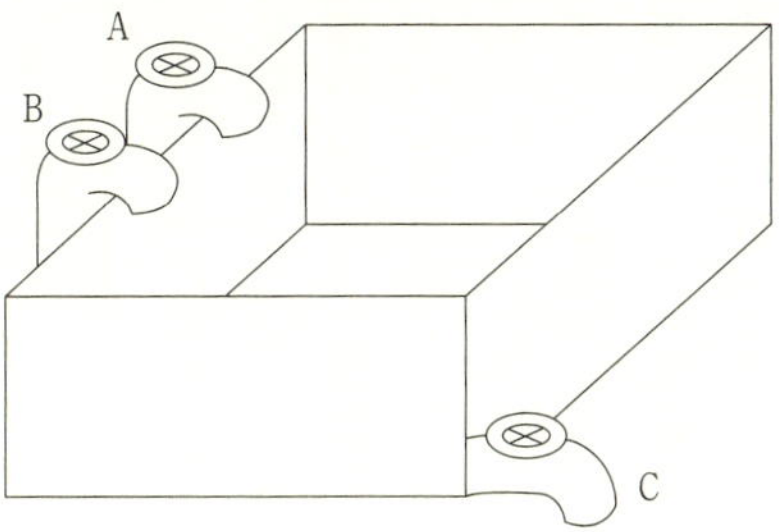

図のように、水の入っていない水そうに、じゃ口A、Bと排水口Cがついています。次のことがわかっています。

- A、Bは開けてCを閉じると、6分で水そうがいっぱいになります。
- A、B、Cをすべて開けると、9分で水そうがいっぱいになります。
- 最初A、Bは開けてCを閉じ、4分後にBを閉じてCを開けると、合計8分で水そうがいっぱいになります。

(1) 水をいっぱいにしてから、A、Bは閉じてCを開けると、何分で水そうの水はなくなりますか。

(2) B、Cは閉じてAを開けると、何分何秒で水そうがいっぱいになりますか。

（05洛南高等学校附属　一部略）

受験がなければ考える気力が起きないようなめんどうくさいシチュエーションである。このような問題では、「ちゃんと仕事算の解法を理解しているか」だけが問われているのではないだろう。**問題の込み入った状況を、何らかの方法で整理整頓できるか**、つまり問題解決への「執念」のようなものも問われているのだと思う。読者が考える気力がなくとも、受験生ではないので嘆く必要はない。

さて、この問題では、人の代わりに、じゃ口が仕事をする。それに気がつけば、仕事算だと見抜けるだろう。この問題のおもしろさは、「排水口」の存在にある。つまり、全体の仕事量とは「水そうをいっぱいにすること」であって、AとBのじゃ口が「仕事をする人」にあたるわけだが、排水口Cの存在は、いってみれば、「仕事をじゃまする人」にあたるのだ。あるいは、「仕事量が失われること」といってもいいかもしれない。以下、解答である。

水そうを満水にしたときの水の量を36単位とおく。まず、1番目の文「A、Bは開けてCを閉じると、6分で水そうがいっぱいになる」という条件から、A、Bの1分間の水の注入量の合計は、36÷6＝6単位とわかる。

次に2番目の文「A、B、Cをすべて開けると、9分で水そうがいっぱいになる」という条件から、AとBの1分あたりの注入量の合計からCによる1分あたりの排出量を引いたものは、36÷9

＝4単位だとわかる。

したがって、Cが1分あたりに排出する水の量は、6－4＝2単位とつきとめられる。ということで、水そういっぱいの水をCだけで排出すれば、全部を排出するのに、36÷2＝18分より、18分かかる。これが(1)の答え。

次は、3番目の文について考える。ここでは最初に、「A、Bは開けてCを閉じて」4分のあいだ水を注入するから、6×4＝24単位だけの水が注入される。したがって、満水までに必要な残りの水の量は36－24＝12単位である。これを、「Bだけ閉じてCを開けて」4分で達成するのだから、1分あたり12÷4＝3単位だけ水そうに水がたまるとわかる。これは1分間のAの注入量からCの排出量を引いたものである。Cの1分あたりの排出量は2単位だから、Aの1分あたりの注入量は3＋2＝5単位となり、したがって、Aだけで水そうをいっぱいにするには、36÷5＝7・2分。つまり、7・2分＝7分12秒かかる。これが(2)の答えだ。

ニュートン算の考え方

次にニュートン算を紹介しよう。これは聞くところによると、ニュートンが「牧牛の問題」として紹介したためについた名前のようだ。「牧牛の問題」というのは、牛が牧草を食べる一方、牧草も生《は》えてくる、という設定の仕事算である。牧草が新たに生えてくるスピードと、食べられてなくなってしまうスピードとのかねあいをつかんで解答を作るのだ。

ここでは中学入試でもっともポピュラーな設定として、「入場待ちの列」のほうを紹介することにする。

問題3：ニュートン算の基礎
ある水族館では、開館したときに60人の行列ができており、その後も毎分4人ずつ増えていきます。入場口が1つのとき、この行列は10分でなくなります。この入場口では、1分間に何人が入場できますか。
（05吉祥女子）

この問題の設定を、ニュートンのオリジナル問題と対応させると、牧牛の食べる草の量が入場者に、入場口に新たにやってくる人が生えてくる草にあたる。

このニュートン算を解くためには、まず、「なぜ行列がなくなるのか」に注目することが大事である。新たにどんどん人がやってくるのだから、行列が長くなっていく可能性だってあるだろう。単位時間あたりに新たに列に並ぶ人より入場できる人の数のほうが多いから、徐々に行列は小さくなっていき、いずれなくなるのである。そして、この見方が問題を解く発想の核になるのだ。

以下、解答。

最初に60人だった列が均一に減っていって、10分でなくなるのだから、1分あたり列は60÷10＝6人ずつ減少していくはず。新たに列に並ぶ人は1分間で4人なのだから、1分間に入場している

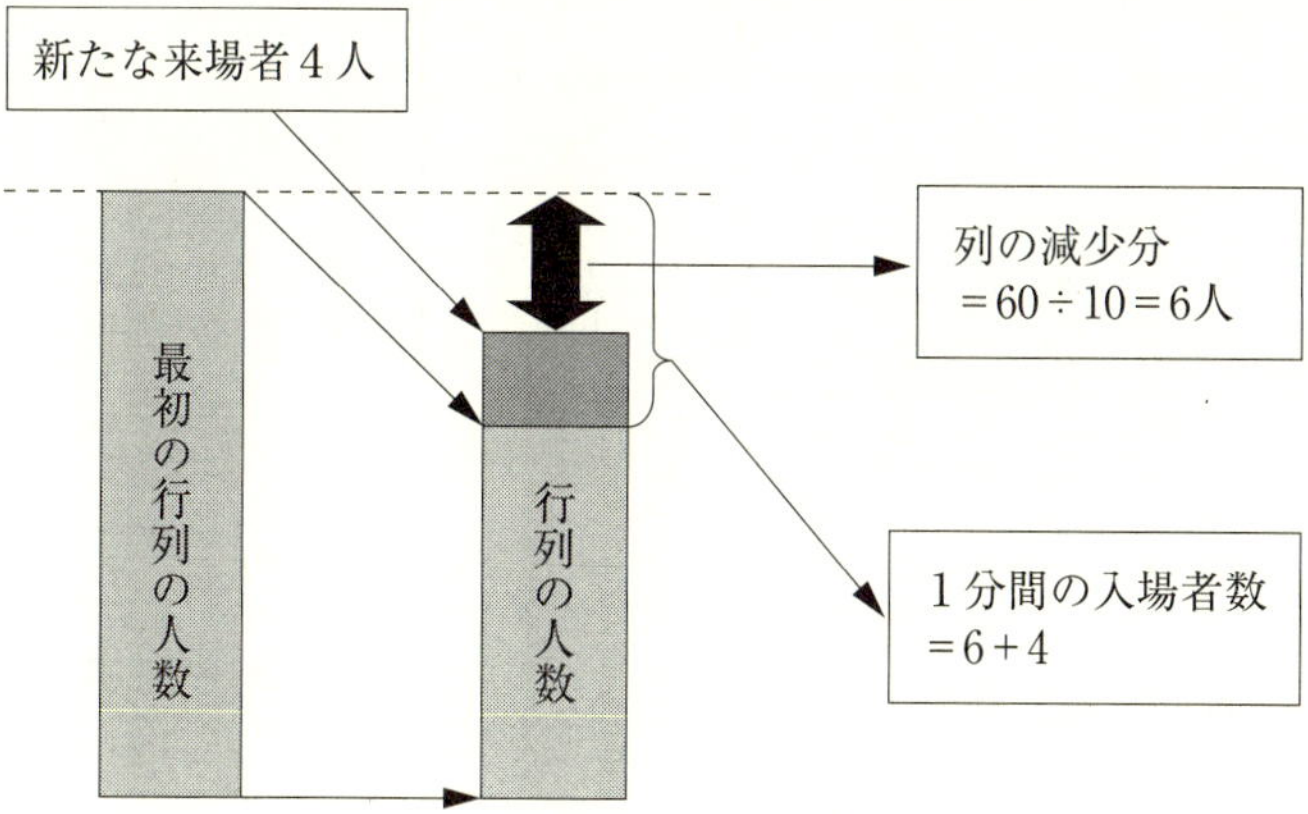

図4—1

人は６＋４＝10人ということになる。

以上の解答のアイデアを、図４—１のように図解してみよう。

１分間の変化を考える。列に並んでいる人の一定数が入場できるが、列の減少する分を求めるには、その入場数だけではなく、新たに並ぶ人の分も考えて計算しなければならない。

したがって、図の両側矢印の部分が現実に行列が減少する分である。この減少が毎分同じだけ続き、10分で当初60人だった列がなくなることから、両側矢印の人数がわかることになるのだ。

この図は、後に経済成長理論について解説するときに、威力を発することになるので、よく理解しておいてほしい。

それではもう一問、ニュートン算の応用問題も見ておくことにしよう。

問題4：ニュートン算の応用

ある遊園地の開演時間に、69人の行列がありました。この行列には10秒につき1人の割合で人が加わり、窓口が1つのときは11分30秒でこの行列はなくなります。窓口が2つのときは、行列は何分何秒でなくなりますか。

（05吉祥女子）

解答は以下である。

69人の列が11分30秒＝690秒でなくなるのだから、列は1秒間に69÷690＝0・1人ずつ減少する。行列に加わるのは10秒に1人だから、1秒では0・1人。したがって、1秒間の入場者は0・1＋0・1＝0・2人ということだ。

さて、窓口を2つに増やすと、1秒あたりの入場者数は0・2×2＝0・4人となる。このとき、何秒で列がなくなるだろうか。

ここで、問題2の水をためる状況を思い出そう。じゃ口Aが入場者にあたり、排水口Cが、新しい来場者にあたるとみなせばわかりやすくなる。

窓口2つだと1秒間に0・4人入場できるが、一方、新たに人が0・1人来るから、列の人数は、1秒間あたり0・4－0・1＝0・3人ずつ減ることになるだろう。したがって、最初の人数にあたる69人の列がなくなるには、69÷0・3＝230秒かかる。つまり、答えは3分50秒ということだ。

経済のなかのニュートン算

仕事算やニュートン算は、もともと経済社会をモチーフにした問題だから、経済学のなかで活かされていても不思議ではない。実際、本当にそうであることを本章で解説していこうと思う。

これらの算数がバックボーンになっているのは、「経済成長理論」という分野である。経済成長の問題は、歴史の文脈のなかでは、大昔から論じられていたことだが、数理科学として近代化された経済学のなかで扱われるようになったのは比較的最近のことで、1939年のロイ・F・ハロッドの論文がきっかけとなった。

その経済成長理論がもっとも注目する経済指標は、**「経済成長率」**である。

国内総生産（GDP）は、経済ニュースによく出てくることばだが、これは、1年間に国内で新たに生産されたすべての富の量をお金の単位で評価したものである。つまり、1年間に国内で生産されたすべての商品とかサービスとかの金額を合計した値だ。たとえば、最近の日本でいうと、およそ500兆円程度である。

このGDPが昨年と比較して何パーセント増えたか、それを表すのが「経済成長率」である。たとえば、仮に昨年の日本のGDPが500兆円で、今年のGDPが510兆円になったのなら、増えた分10兆円は昨年のGDPの2パーセントにあたるので、経済成長率は2パーセントということになる。

ちょっと前の日本では、成長率がマイナス、つまり生産される富が昨年に比べて減る、という歴史上まれに見る現象に直面したので、毎日のように国会や新聞やテレビのニュースで大騒ぎしていたのを、ご記憶の方も多いだろう。

さて、この経済成長率と仕事算やニュートン算はどういう関係にあるのだろう。そう。**「流入」と「漏出」のメカニズムがかなり似ている**、ということなのである。

国家経済をシンプルにまとめてしまえば、「労働」「原料」「機械」「設備」などをインプットし、アウトプットされた富を消費したり、また再び生産に利用したりすることだといえる。これは、流入と漏出のプロセスそのものだ。経済が（プラス）成長するとは、流入の増え方に対して、漏出の増え方のほうが少なく、時間の経過とともに富が蓄積されていくことである。

このことをイメージするには、人間が太ったりやせたりすることを思い浮かべるのもいいだろう。人間は食料によってエネルギーを体に取りいれ、活動によってそのエネルギーを消費する。もしも、取りいれるエネルギーが使うエネルギーを超えていれば、その人はだんだん太っていく。これがプラス成長だ。その反対なら、その人はだんだんやせていく。こちらがマイナス成長ということになる。

経済成長の仕組み

このあと、仕事算とニュートン算の発展形として、経済成長理論を解説し、最後には日本経済の長期停滞を説明する一つの仮説を紹介するが、そのために必要な知識、ベーシックであるが重要な知識を確認しておくことにする。

私たちは、生産した富の大部分を消費するが、消費しないで取っておく分もある。これが貯蓄である。私たちは貯蓄をするとき、将来の消費を見据えて意志決定を行う。貯蓄はおもに、将来マイホームなどの大きな買い物をするため、あるいは、病気のときの備え、あるいは老後の豊かな暮らしなどのために行われているのである。

これらの貯蓄は、貨幣で受け取った所得を、銀行に預金したり、証券市場で株券や債券を購入したりして行われる。このように貯蓄では、生産された財の現物を預けるわけではないので、意識されないが、貯蓄が行われると社会には「消費されない生産物」がストックされることになる。生産されたのに消費されないものがあるとすれば、それは社会のどこかに残されているからだ。一般には企業に貸し出され、機械や設備という形で次なる生産のために活かされているのである。これが「投資」と呼ばれる。つまり、社会全体で見ると、貯蓄は投資に利用される。

この貯蓄＝投資によって生産設備が拡充されると、この国で次年度に生産される富は、前年度よりも多くなるのが一般的だ。このように、生産要素の規模が大きくなることで生産物の量が増えることが経済成長なのである。

たとえば、1970年頃の日本のGDPは、70兆円程度だったが、今では500兆円程度にもなっている。わが国は、35年ほどのあいだに7倍にも経済規模が大きくなった、ということだ。つまり、現在の日本の国民は、35年前の国民に比べて、7倍もの富を生産して、それを消費したり、投資したりしているわけだから、とても豊かになったといっていいだろう（本当は物価の高騰分を割り引く必要がある）。

投資は社会貢献か？

ここで出てきた「投資」ということばは、世のなかで普通に使われる「投資」とは意味が異なるので、ひとことコメントしておこう。

株式投資などということばがあるように、株を売買することは、一般には「投資」だと理解されている。もっと広く、ギャンブルにお金を投じることを「投資」という人までいるようだ。「競馬に資金投資する」などと使われることもある。しかし、「増えて戻ってくる可能性があるものに資金を投じること」イコール「（経済学でいうところの）投資」ではまったくないのである。この点を、いまブームになりつつある株売買を例にとって説明しよう。

株式という金融商品を購入することによって得られる利益はおおまかにいって、二通りある。一つは配当であり、もう一つは値上がり益である。配当というのは、その株式を発行した企業の利潤の一部が株主に還元されることで、配当による収益をインカムゲインという。他方、値上がり益とは、株の価格が購入時よりも売却時のほうが高くなったときに、その差額として得られる収益である。これをキャピタルゲインという。しかし、この収益はどちらもたいてい「投資」とは無縁である。企業が新たに増設した機械や設備とは無関係の利益であるからだ。

　経済学でいうところの「投資」にあたるものは、「新規発行株」や「新規発行債券」を購入する行為である。株や債券の新規発行とは、企業が出資ないし貸し付けをしてもらうことで、機械や設備の増設を達成するための資金を得ることであり、背後にはさきほど述べたような「生産物の貸し借り」が生じている。それに対して、既存の株券や債券を購入することは、すでに存在する生産設備（＝企業の生産要素ないしそのレンタル分）の株券や債券を通じた持ち主や貸し主が変更されるだけであり、企業が生産設備を増やすこと、ひいては社会全体に新たな生産要素が付け加わることとは何ら関係ないからである。

　したがって、もしも読者が、「金を増やす」ためではなく、「社会貢献」（＝社会の生産要素を増やす）という意図で投資に参加したいのなら、既存の株券や債券を売買するのではだめ、ということを記憶にとめておいてほしい。

リンゴ国のおとぎ話

　ではいよいよ経済成長理論の解説に進もう。第一歩として、もっともシンプルな経済成長のモデルを扱う。イメージしやすいように、おとぎの国の話に置き換えることにする。いま、リンゴだけを食べて暮らしている国民を考える。

経済成長モデル1

生産されたリンゴは、食べてしまうか、食べずに種として用いるか、いずれかとする。種として利用されたリンゴ1個は1年で生育して樹木となり、100個のリンゴを実らせ、そしてその年のうちに枯れる。人びとは、収穫されたリンゴのうち、sの割合を種として用い、残る（1引くs）の割合のリンゴを食べる（消費する）とする（たとえば、10パーセントを種用に用いるならs＝0・1である）。

さて、このおとぎの国の経済成長はどうなるだろうか。

まず、昨年度のリンゴの生産量（これがGDPにあたる）をY個とする。すると、種として使われるリンゴは、Y×sである。これは貯蓄率がsであることを意味する。それらの種リンゴが今年度にはリンゴの木となり、それぞれ100個ずつ、総計Y×s×100のリンゴが実ることになる。

これをふまえて、経済成長のことを分析してみよう。「今年の生産量」が「昨年の生産量」より多いならば、経済は成長していることになる。これが成り立つためには、s×100が1より大きくならなければならない。これはsが0・01より大である場合である。つまり、生産高のうちの1パーセントよりも多くのリンゴを種用に使う場合に、経済は成長することになるのである。この

とき、年々リンゴの消費量は多くなり、おとぎの国の国民は豊かになっていく。生産量（GDP）の成長率を求めるには

「今年の生産量－昨年の生産量」÷昨年の生産量Y

を計算すればよい。これは$\{(Y \times s \times 100) - Y\} \div Y = Y \times (s \times 100 - 1) \div Y = s \times 100 - 1$ということになる。たとえば、年々$s = 1.05$パーセントのリンゴを種用に使うとするなら、$0.0105 \times 100 - 1 = 0.05$となって、5パーセントの経済成長率というわけだ（図4—2の左側）。

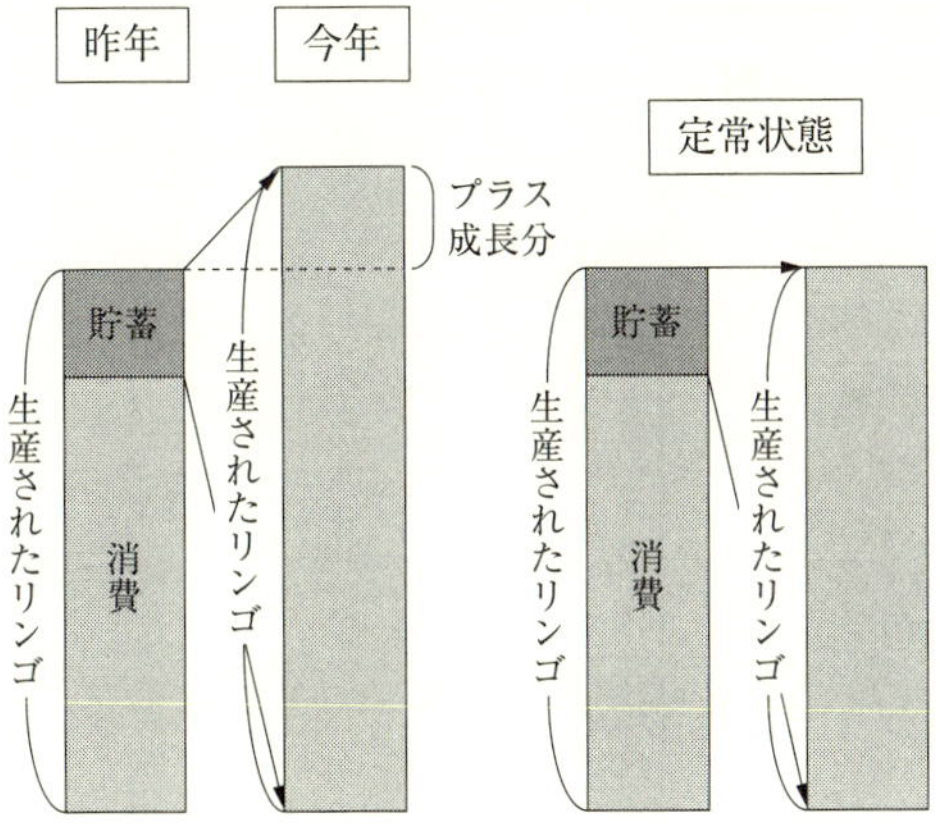

図4—2

経済成長モデルを扱う上で、とくに注目しておきたいのは、ちょうど$s = 0.01$となる場合である。この場合は、経済成長率がゼロ、つまり「今年の生産量＝去年の生産量」が成立する。リンゴの消費も毎年一定となる。世のなかでは、この状態を「ゼロ成長」などと呼ぶが、経済学の専門のことばでは**「定常状態」**と呼ばれる。定常状態というのは、経済が時間発展せず、一定の水準を保ち続けるような環境のことである（図4—2の右側）。この定常状態は、経済成長理論を理解する上で、非常に

重要なベンチマーク（比較基準）となる。

蓄積と漏出があるモデル

次にもう少し複雑な経済成長のモデルを取り扱ってみよう。今度は、リンゴ国のおとぎ話でいうなら、リンゴの木が1年で枯れてしまわないでずっとリンゴを実らせ続けるが、いずれ老朽化して枯れてしまう、というケースにあたる。また、リンゴの産出も、種の数に比例しないで、「ひずみ」があると仮定される。

モデルが複雑になるので、おとぎの国の想定はやめて、現実の経済に近づけることとする。

経済成長モデル2

この国では、生産物のうちｓの割合を使って機械や設備を作り、今年存在する設備・機械に追加する。これが投資にあたる。つまり、作られたこれらの機械や設備は追加的な生産物を生み出すために翌年利用されるわけだ。他方、昨年存在した機械のうちｄの割合は、壊れて今年には使えなくなる。生産物のうち投資に使う分を取り去って残る（1引くｓ）の割合の生産物は国民によって消費される。

最後に生産についての仮定。設備・機械の量がｋのとき、生み出される生産物の量をｙとする。ｙはｋに関して凹である。

このモデルでは、生産物を全部は消費しないで一部残して、それを設備や機械に回すという仕組みになっている。このような設備・機械のことを「資本」という。資本が貯蓄によって生み出されることは前に説明した。つまり、ここでのsは、(リンゴのおとぎ話でもそうだったが)生産物のうち消費しないで資本に回す率、すなわち**国民の貯蓄率**を表しているのである。

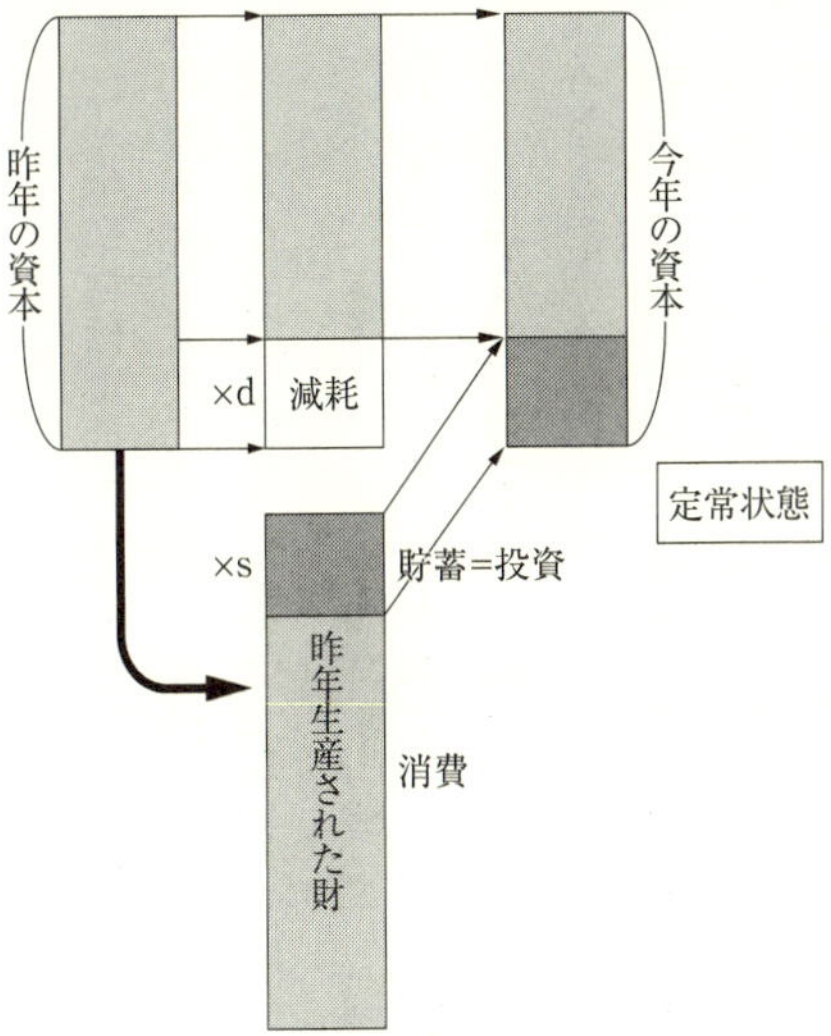

図4—3

詳しい説明を要するのは、最後の「生産が凹である」という仮定だろう。

資本の量がkからk+Δkへとだけ増加するとき、生産物の量yはy+ΔyへとΔyだけ増加するとしよう。このとき、変化量Δyが変化量Δkの何倍であるか(Δy÷Δk)を、本書では「生産の資本に対する反応率」と呼ぶことにする。ここでいう「凹の仮定」とは、この「生産の資本に対する反応率」が、kの水準が大きくなるとともに次第に減少していく、というものなのである。たとえば、ある水準の資本量があるとき、資本を1単位積み増すと、生産物は10単位余計にできる、とする。しかし、この水準よりも大きい資本量の場合は、資本の1単位の積み増しでは、生産物はたとえば9単位しか増加しなくなる、そんな感じである。この仮定は、「資本量が多くなると、その生産物を生み出す能力が逓減《ていげん》していく」ことを表している。これは多くの産業や企業でよく観測されている現象であり、経済学では標準的な仮定である。

さて、この経済はどんな成長のメカニズムを備えているのだろうか。さきほど説明したように、まず定常状態を基点として考えよう。定常状態というのは、生産物の量が去年も今年も来年も変わらず一定になっていることであった。このモデルでは生産物が一定ということは、資本量が一定ということである（図4―3）。

昨年の資本が昨年の生産物を生み出すことを表しているのが太い矢印である。一方資本のdの割合が減耗《げんもう》する。他方、生み出した生産物のうちsの割合が投資されて新たな資本として加わる。

定常状態になるということは資本量が一定であることを意味するが、この図でわかるように、そのためには資本が減耗する分を投資がぴったり埋め合わせることが必要十分条件である。このような定常状態になるときの資本量（機械・設備の量）をk^*と書くことにし、そのときの生産物の量をy^*と書くことにすると、定常状態では、

昨年の資本k^*×減耗率d＝昨年の生産物の量y^*×貯蓄率s

が成立している。

経済は定常状態に向かう

では次に、昨年の資本量kがこの定常状態の資本量k*よりも多かったら、どうなるかを分析してみることにする。この場合は、定常状態の図とは異なる部分が出てくる。図4―4を見てみよう。資本がdの率だけ減耗するのは同じなのだが、貯蓄＝投資によって資本が補充される分は異なるのである。定常状態の資本量k*からΔkだけ資本が多いとしよう。このとき、減耗分も定常状態に比べてΔk×dの分だけ増える。しかし、生産物のほうは、生産の資本に対する反応率が減少する仮定

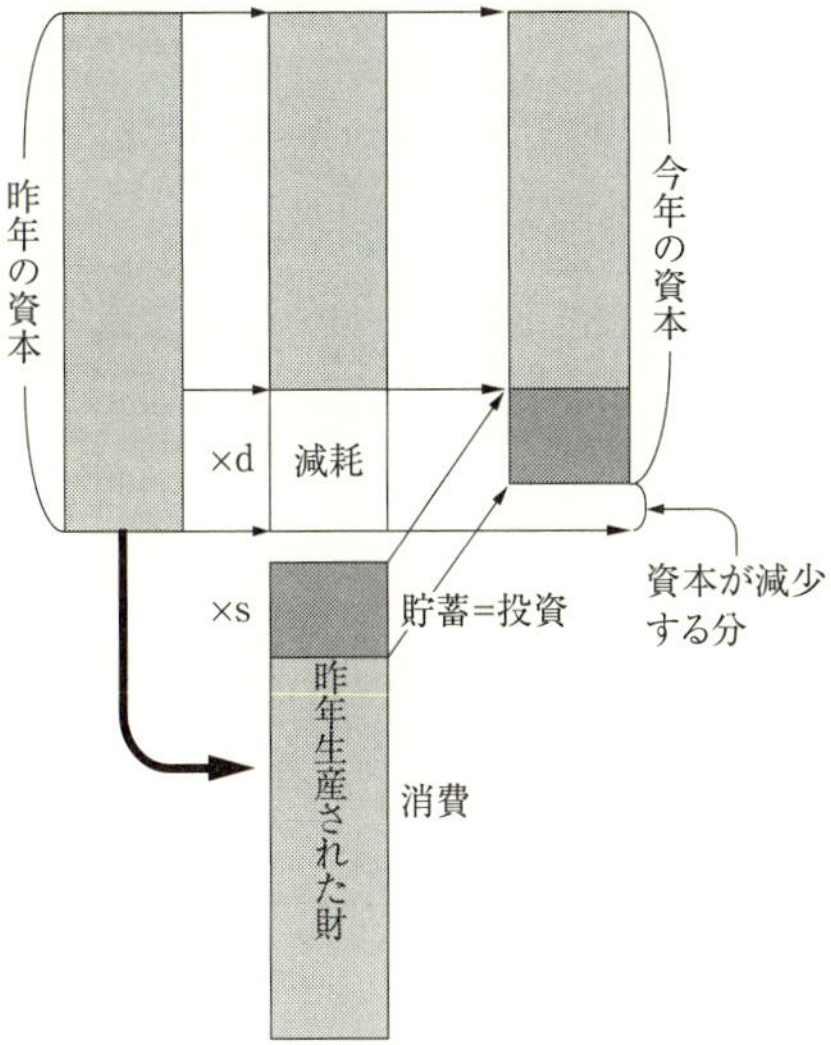

図4―4

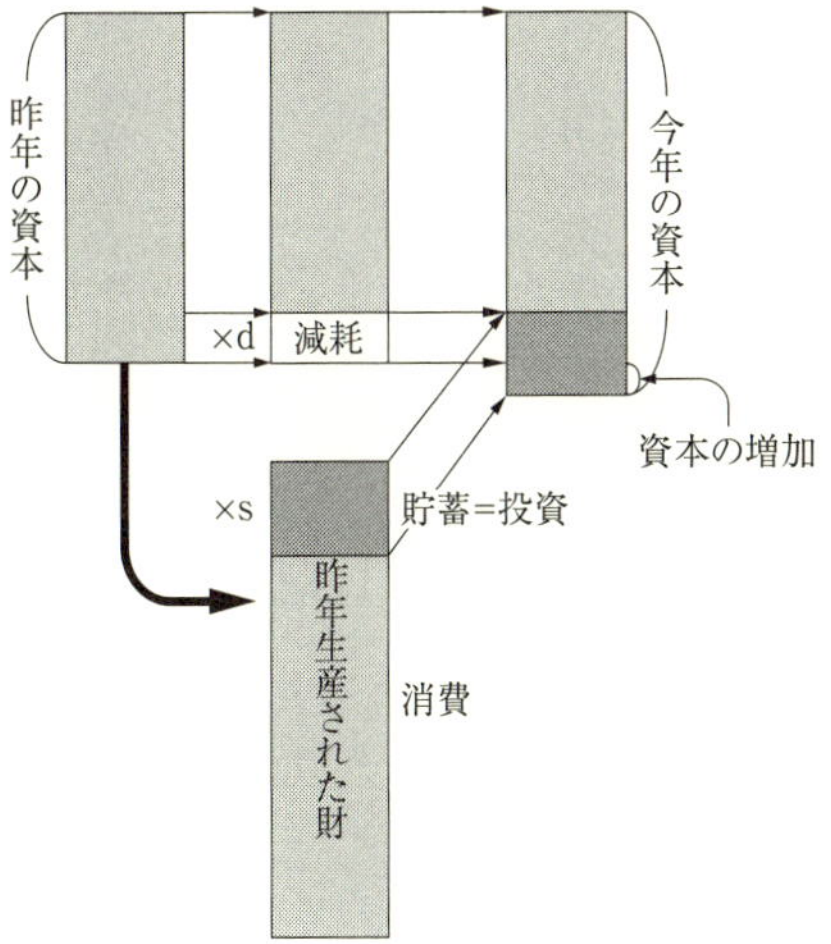

図4―5

(四の仮定)から生産物の増加分Δyの反応は鈍くなるので、Δk×dを埋め合わせる水準の増加とはならない。つまり、図4―4のように今年の資本量は、昨年の資本量に比べて減少してしまうことを意味する。

同じ理屈から、昨年の資本量kが定常状態の資本量k*より少ない水準だと、図4―5のように、今年の資本量は昨年に比べて増加することになる。

以上をまとめると、定常状態の経済よりも資本を余計に蓄積している経済は、資本が減少することになり、定常状態の経済より過少に蓄積している経済は、資本が増加する、ということだ。つまりこのモデルでは、いずれにせよ**経済は、定常状態に向かって資本を増加ないし減少させ、早晩定常状態に達して、あとは動かなくなるわけである。**定常状態に達したとき、生産量GDPは一定水準になり、経済成長率はゼロである。

このモデルから何か結論めいたものを引き出すことはしないで先に進もう。このモデルは、次に紹介する、もっとも著名な経済成長モデルであるソローモデルを理解するための準備だと思っていただければいい。

人口成長があるモデル

いま解説したモデルは、機械・設備だけで生産をするもので、そこには「人間の生産活動」が一切入っていなかった。いよいよここで、人間の生産活動である「労働」を導入することとしよう。

つまり、生産は設備・機械だけでなく、**人間の労働も加えて**行うことにするわけだ。

経済成長モデル3：ソローモデル

この国では、国民が設備・機械を使って労働し、生産物を作る。生産物のうちsの割合を使って機械や設備を作り、昨年存在した設備・機械に追加する。これが投資にあたる。つまり、新たに作られたこれらの機械や設備は翌年資本として利用され、追加的な生産物を生み出す。

昨年存在した資本のうちdの割合は減耗する。生産物のうち投資に使う分を取り去って残る（1引くs）の割合の生産物は国民によって消費される。人口は毎年nの割合で増加する。

労働者1人が1年にする仕事の量を1単位とし、その1単位あたりの仕事が利用する資本の量がkのときの、1人あたりの生産物の量yはkに関して凹である。

この経済成長モデルは、ロバート・ソローという経済学者が1956年に発表したもので、この業績によってソローは1987年のノーベル経済学賞を受賞している。これは**ソローモデル**と呼ばれ、現在では、経済成長理論のもっとも標準的なものである。

前回のモデル（経済成長モデル2）との違いは、労働（仕事のこと）が導入され、それを生み出すための人口が増加（ないし減少）することがモデルに組み入れられたことだ。最後のところで仮定されている「労働1単位あたりの仕事が利用する資本の量をkとする」というところがわかりにく

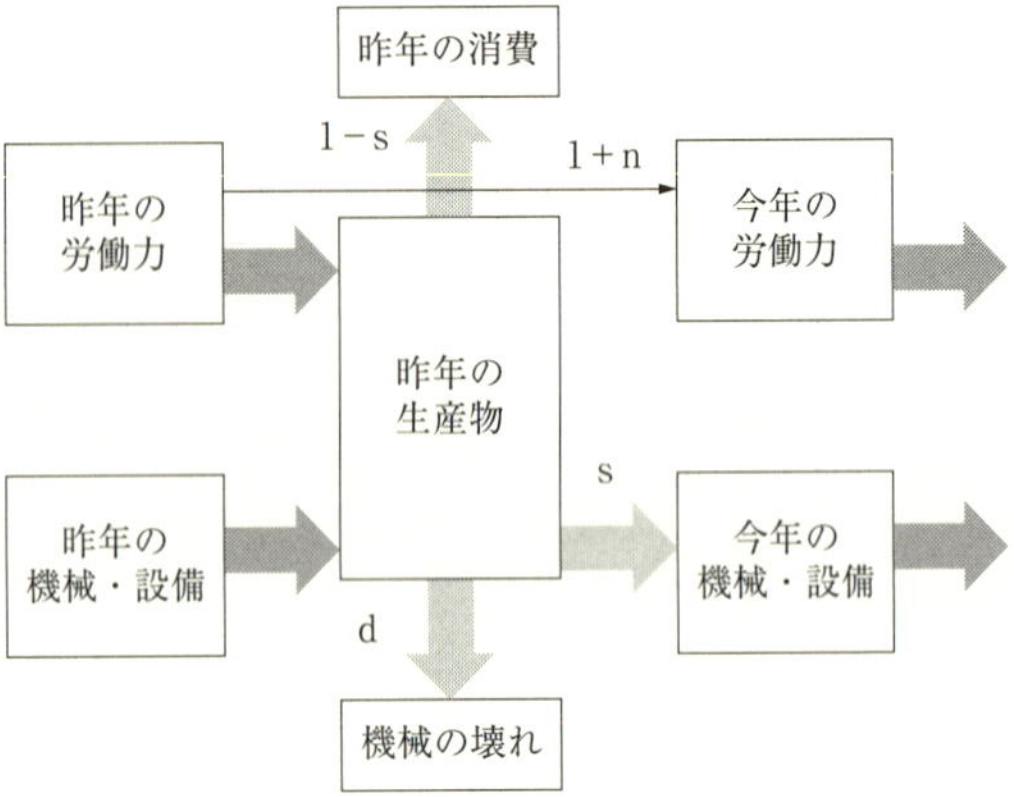

図4―6

いと思うので、これをもう少し解説しておこう。

人は、設備・機械を使って労働して生産物を作るわけだが、労働可能な人口をたとえば1億人とすれば、1億単位の労働（仕事）が国に存在することになる。そして、国に存在する設備・機械の量を、これも適当な単位で、たとえば20億単位としよう。このとき、労働1単位あたりで利用される資本量というのは、20億÷1億＝20単位になるわけである。これは、前のほうで解説した「仕事算」の発想と同じものだ。

さて、経済の仕組みがかなり込み入ってきたので、生産の仕組みを流れ図で描いておこう（図4―6）。

1人あたりで考えるのがコツ

この複雑なモデルを解いて経済成長を描写するには、今までのように国全体をひとまとまりの単位で考えるのではなく、国民1人ひとりを単位に考えるのがうまい手である。きちんというなら、労働1単位あたり（労働者が1年間に行う仕事あたり）で考えるということだ。

まず、1年に生産される生産物を国民1人あたりで平均したものを「1人あたりGDP」と呼ぶ。いうまでもなく、これも経済では注目される量である。なぜなら、いくらGDPが大きくても、人口が多い国はその分GDPが大きくてあたりまえであり、それでは国の豊かさを直接とらえられないからだ。国の豊かさとは、各国民が1人平均としてどれだけの生産物を得られるか、それでもって測られるべきである。

たとえば、GDPそのもので見ると、世界ベスト5にドイツやフランスやイタリアなどが常連となるが、1人あたりGDPで見ると、スイスやルクセンブルクなどと入れ替わる。ちなみに、日本は不況下でありながら、1人あたりGDPが1993年に世界第1位になり、その後も常に上位に入っており、世界でももっとも豊かな国の一つである。

さて、国民1人あたりのGDPであるyがどの程度の水準になるかは、結局国に存在する資本を国民1人あたりに均等に割りふったときの資本量kに依存することになる。したがって、ただ一つの点を除けば、結局は生産も消費も資本も1人あたりで考えればいい。つまり、1人の国民おのおのがkの設備・機械をもってyだけの生産物を作っている、というふうに考えればいいのである。

その「ただ一つの点」というのは**「人口が増加する」**ということだ。これをどう処理すればいいかが、このモデルのポイントとなる。しかしこれは上手に考えれば、そんなに難しいことではない。たとえば、人口増加率がn＝0・01、つまり1パーセントだった場合、国の昨年の人口が1億人なら今年は1億×0・01＝100万人増えることを意味する。このとき、1人あたりの資本量を算出するにあたって、(これは平均値だから)新しく加わった人口に対しても資本を均等に配分する必要がある。したがって、1人あたりの設備・機械の保有量はn＝0・01の割合ずつ減少しなければならないとわかる。たとえば、現在1人あたり10単位の資本をもっているなら、人口が1パーセント増えると、100人で新世代1人分をまかなうことになるので、10×0・01＝0・1単位ずつ資本を新世代に提供することになる(細かいことが気になる慎重な人のために補足しておくと、減少分をちゃんと計算するなら、k÷(1＋n)－kとなるのだが、1÷(1＋n)が近似的に1引くnであることを使えば、減少分はざっくりと－nkとなるため、このことは正当化される)。

以上のことから、国民1人あたりの資本の減少分は、減耗する分として、「昨年の資本量×減耗率d」、新世代への移転分として、「昨年の資本量×人口成長率n」となるのである。

それに対して、貯蓄によって資本が積み増しになる量は、前のモデルと同様に、「昨年の生産物×貯蓄率s」である。

定常状態でも経済成長

それでは、このソローモデルでも、基点としての定常状態を図示しておこう(図4―7)。図でもう一度確認しておくと、1人あたりの資本の減少は、資本そのものの減耗と、人口増加によって1人あたりの使用量が減少する分とを合わせたものである。定常状態では、それを埋め合わせるように貯蓄＝投資によって、資本が補充される仕組みになっている。

したがって、定常状態の1人あたりの資本量をk^*、生産量をy^*と書くことにすれば、

「資本量k^*」×「減耗率d＋人口成長率n」＝「生産物の量y^*」×「貯蓄率s」 ……（☆）

が成り立つことになる。

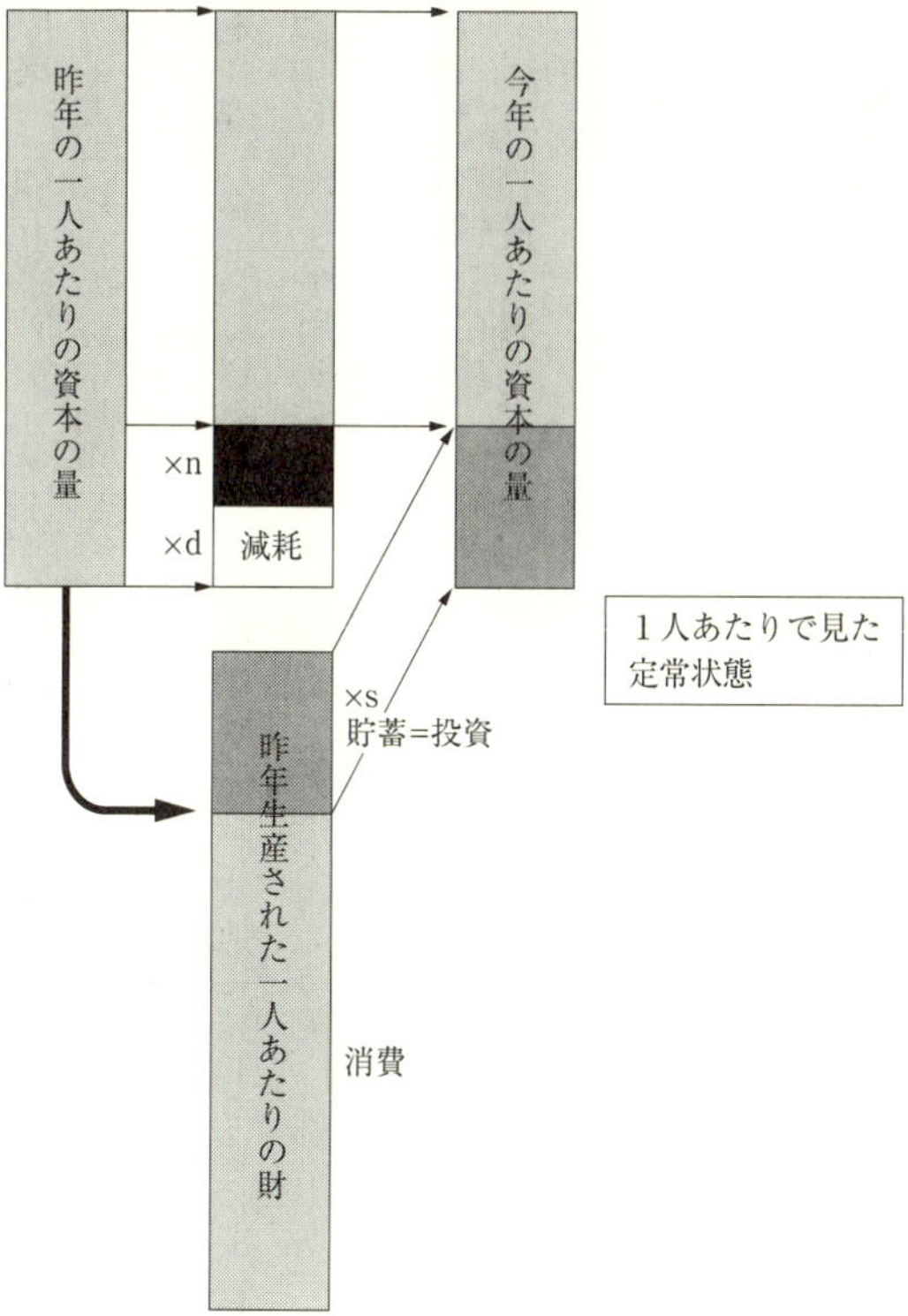

図4—7

ただ、ここで「定常状態だから経済は成長していない」という誤解をしてはいけない。確かに1人あたりの資本量や1人あたりの生産物は一定水準になる。しかし、人口がnの割合で成長していることを忘れてはならない。nがプラスなら、人口増加しているわけで、このとき国全体のGDP＝「1人あたりGDP×人口」も、当然増加して

いる。この場合、経済成長率は人口成長率と同じnとなる。

1人あたりの資本量がk^*でない場合の分析は、前のモデルとまったく同じなので、結論も同じだから省略する。すなわち、1人あたりでk^*より小さい資本の蓄積の国は資本蓄積を行って、1人あたりの資本量とGDPを増やしながら、定常状態ににじりよっていく。k^*より大きな資本蓄積をもつ国は1人あたりの資本量もGDPも減少させながら、定常状態に向かっていくのである。

貯蓄率の影響

経済成長理論の醍醐味は、ここからである。このように定常状態の条件を手にしたのだから、経済情勢が変化するとき何が起こるかをシミュレートできるのである。

いま、定常状態にある国を比較したとき、貯蓄率の大小が経済にどんな影響をもつかを分析してみよう。ソローモデルの基本方程式（☆）の左右を切り離して、意味を再確認する。

「資本減少のパート」＝「資本量k」×「減耗率d＋人口成長率n」

「資本増加のパート」＝「生産物の量y」×「貯蓄率s」

いま、定常状態になっているある国を考えよう。定常状態ではこの2つのパートはつりあっている。ここで国民の貯蓄意欲が変化して、貯蓄率sが大きくなったとしよう。すると、「資本増加のパート」が大きくなるので、「資本減少のパート」を補ってまだ余りが出るようになる。これは1人あたりの資本量kを増加させるので、1人あたりの生産量yも増加する。しかし、kの蓄積にと

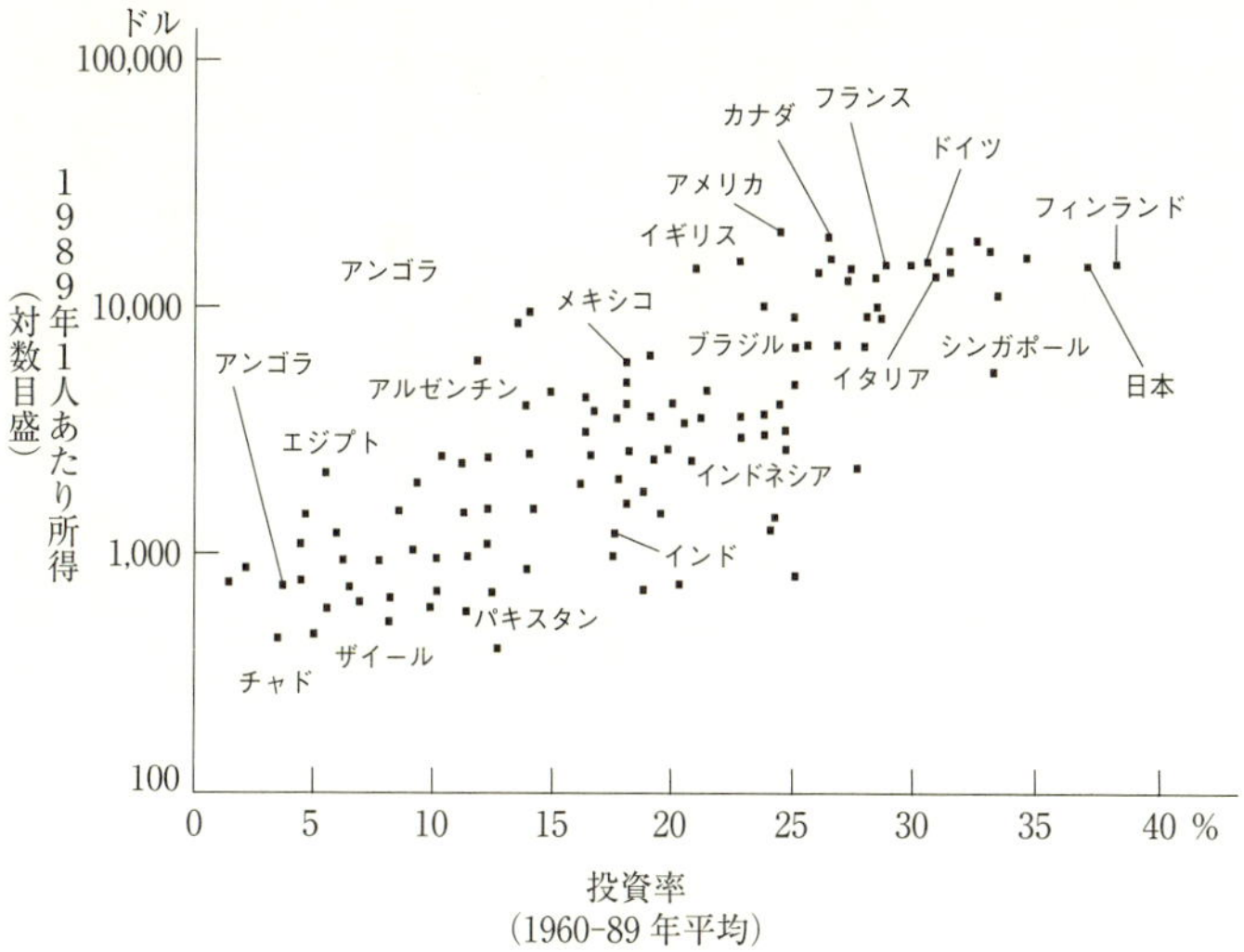

図4―8　投資率と1人あたりの所得に関する国際的証拠（マンキュー『マクロ経済学Ⅱ』より）

もなう減耗分や人口成長にくいつぶされる分が比例的に増加するのに対して、(凹の仮定より)生産物の量の増加は反応が鈍く、比例的ではないため、資本蓄積は次第に鈍っていって、やがて次なる定常状態に落ち着くことになる。

要約すると、貯蓄率が高くなると、経済規模が高位の定常状態に推移するということである。これを用いて二つの国を比較してみよう。**「貯蓄率の高い国は1人あたりGDPも大きい」**ということになる。これが、ソローモデルが第一に示唆することなのである。

実際はどうだろうか。図4―8は、N・グレゴリー・マンキューという経済学者の本『マクロ経済学Ⅱ』[14]から引用したものだが、これをじっくり眺めていただきたい。横軸に投資率=貯蓄率sを、縦軸に1人あたり所得

＝GDPをとって113カ国のデータをプロットしたグラフである。点たちはおおよそ右上がりに分布しているのが見てとれるだろう。つまり、「貯蓄率の高い国は豊かである」という傾向がある、というのがおおまかには正しいことがわかった（各国が定常状態にあるかどうかはこの際、気にしないでおこう）。

日本の高度成長と高貯蓄率の謎

日本は、1950年代から60年代にかけて、大きな経済成長を遂げた。この経済成長を支えたのは、世界にもほとんど例を見ない驚異的な貯蓄率の高さだといわれている。日本の高貯蓄率の理由は、経済学でも謎とされ、いまだに研究が盛んであり、いろいろな仮説が提出されている。そのなかでも特記すべきものは、「遺産動機」というものである。

経済学上の一般論としては、人間は若いとき貯蓄に励み、老後はそれを徐々に取り崩しながら豊かに暮らすのが合理的とされている。しかし、日本国民は老後もあまり貯蓄を取り崩して消費しようとしない性向が見られるそうだ。その理由を、「遺産をだしにして、子供に面倒をみてもらう」ということではないか、と推測する学者が少なくない[15]。まさにそれが、日本国民全体で集計したときに現れる高貯蓄率の原因ではないか、というのである。

もしこの仮説が正しいなら、これは悲しいこととといわざるをえない。

日本の老人が、子供に面倒をみてもらうために、老後もなお消費を慎み、遺産を残そうとするその動機の背後には、老後を支えるインフラや支援制度がこの国ではきわめて貧困だ、という事情があるからである。しかし、この遺産動機による高貯蓄率が高度成長を促したのだとすれば、これは皮肉なことだともいえよう。

少子化の経済への影響はどうか

次に、人口成長率nの違いが、定常状態にどんな変化をもたらすかを分析しよう。いま、定常状態の国の人口成長率nが増加したとする。

「資本減少のパート」＝「資本量k」×「減耗率d＋人口成長率n」

「資本増加のパート」＝「生産物の量y」×「貯蓄率s」

において、「資本減少のパート」が大きくなることから、生産物の貯蓄による資本増加では、減少分をカヴァーできなくなる。したがって、1人あたりの資本量は減少し、当然1人あたりのGDPも減少し、やがて前よりも低位の水準で定常状態に落ち着くだろう。このことから、「人口成長率が大きい国は1人あたりGDPは小さい」という結果が導ける。

現実はどうだろうか。再び、マンキューの本からデータを見てみよう。図4—9は横軸に人口成長率、縦軸に1人あたり所得＝GDPを同じ113カ国についてプロットしたものだ。ここではおよそ右下がりの傾向をもっているのが見てとれるだろう。したがって、「人口増加率の高い国は貧しい」ということがおおまかには検証されているといっていい。

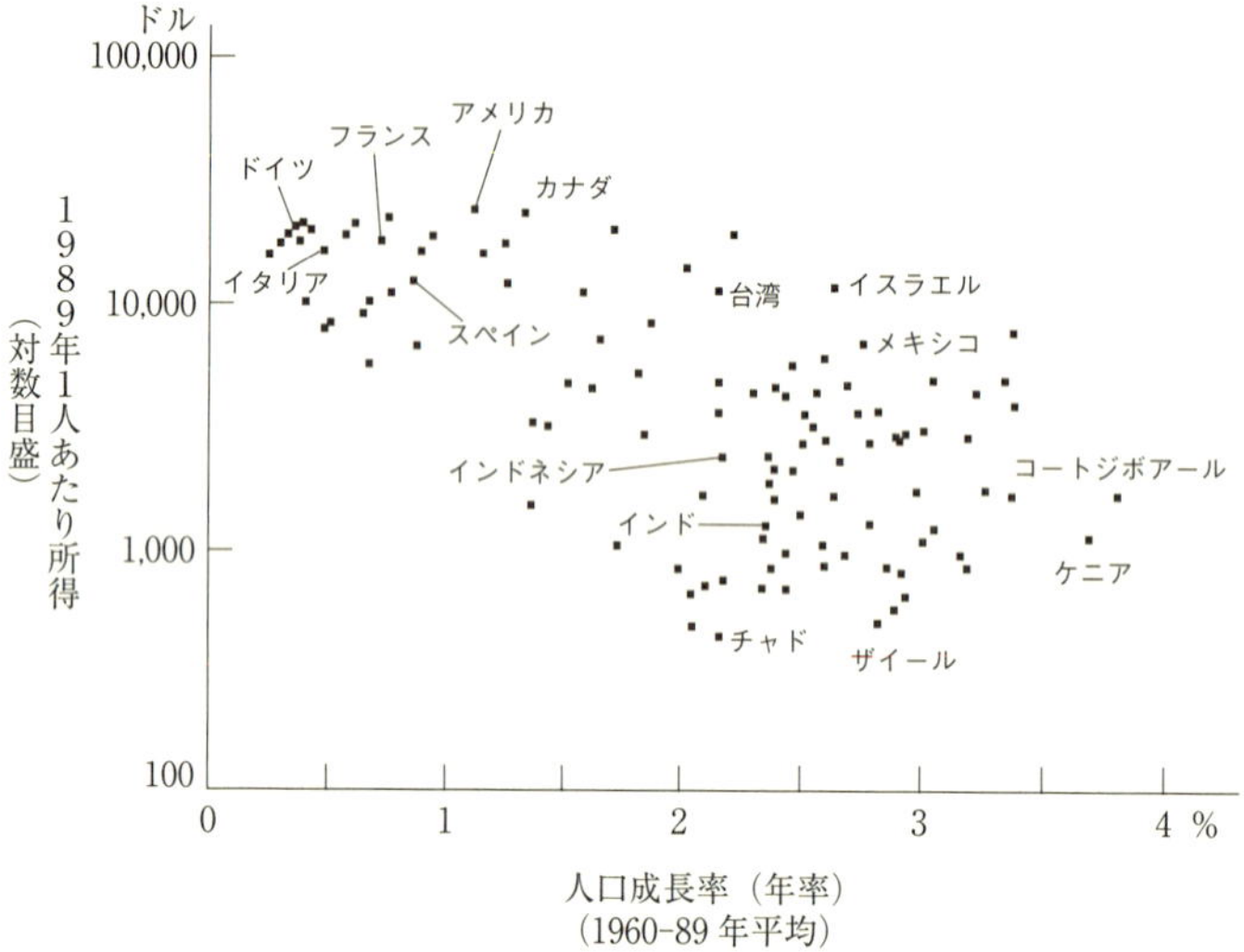

図4—9　人口成長と1人あたりの所得に関する国際的証拠（マンキュー『マクロ経済学Ⅱ』より）

現在の日本では、少子化が問題になっている。マスコミは盛んに、少子化で経済が打撃を受ける、という論陣をはっているようだ。しかし、ソローモデルを援用するなら、結論が逆である。人口成長率の減少は、1人あたりのGDPを大きくする。それは、1人あたりの資本量を多くするからである。よくよく考えると、そりゃそうだ、と納得することだろう。人口が少なくなれば、どんな生産設備も公共インフラも以前よりも少ない人数で利用することができる。確かに、人口が安定するまでの過渡期には、年金制度などで世代間の歪《ひず》みが問題を起こすことはあるかもしれない。しかし、**長期的には人口成長率の減少は経済に良い効果をもつ**、という結論を導き出すソローモデルのほうが、マスコミのどんな論調よりも、筆者には説得的である。

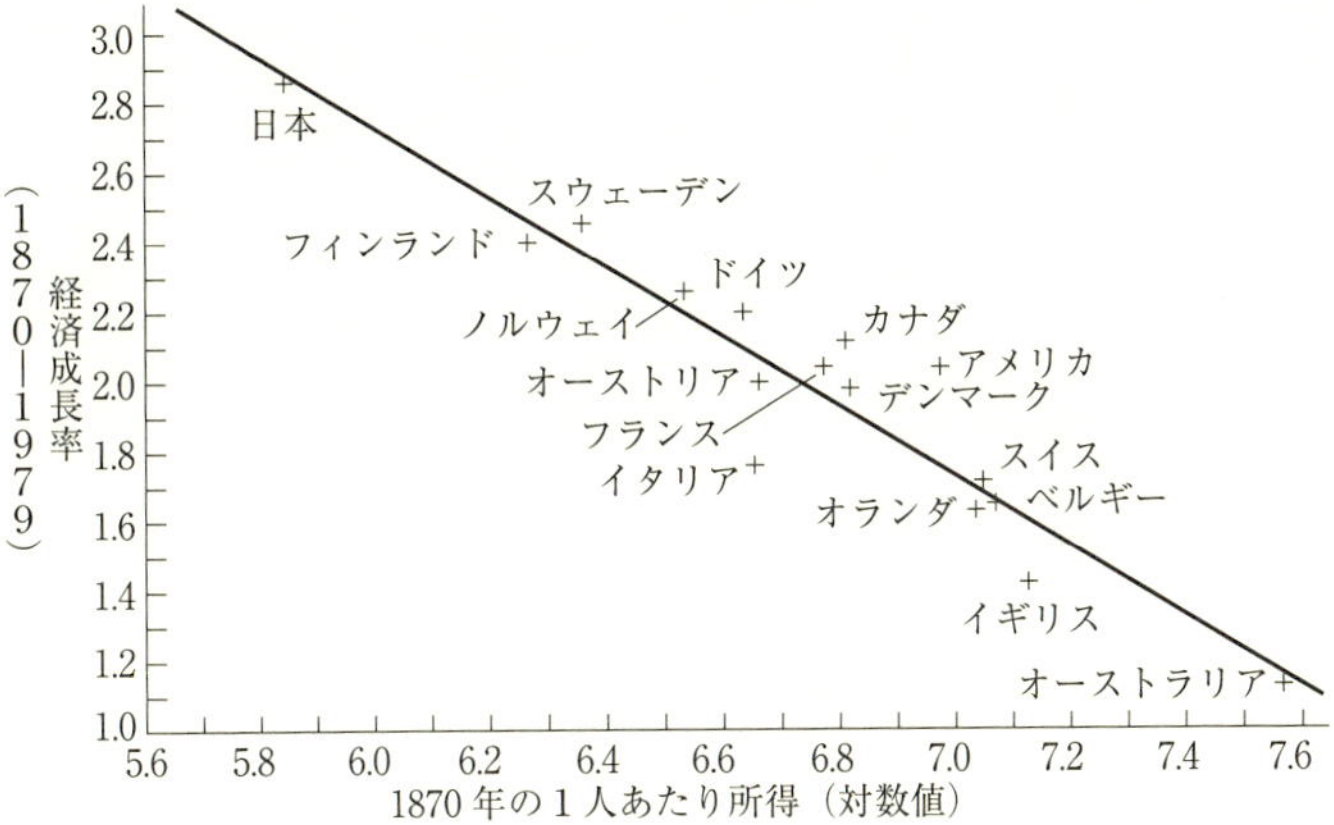

図4―10　ボーモルの標本における初期所得水準とその後の成長（ローマー『上級マクロ経済学』より）

栄えている国は必ず衰退する？

ソローモデルは、貯蓄率や人口成長率の違いに関して以上のような意義深い結論をもたらしたのだが、経済学的にはもっと衝撃的な事実をも示唆しているのである。それは、**「どんな国もだんだんと経済成長は鈍っていき、いずれは1人あたりGDPが一定の水準に収束していくだろう」**という事実である。本当なのだろうか。

図4―10は、デビッド・ローマーという経済学者の教科書から引用したものだ[16]。横軸に1870年の1人あたり所得＝GDPをとっていて、縦軸に1870年から1979年までの経済成長率をとっている。これでわかるように、1870年時点で1人あたりGDPの低かった国ほど、その後の約100年で大きな経済成長を遂げている一方で、GDPの高かった国の経済成長率はやがて一定水準に落ち着いているように見える。ソローモデルのこの主張は、経済学者たちに「収

束論争」と呼ばれる激しい論争を巻き起こした。そして、理論と実証両面から多くの研究を生み出すことになったのである。

このソローモデルの主張は、どのように導かれるのだろうか。それは、凹の仮定すなわち生産の資本に関する反応率が逓減する仮定から来るのである。1人あたりの資本蓄積の小さい国ほど、資本の増加に対する生産物の増加の反応が大きい。したがって、資本蓄積は大きな収益をもたらし、高い成長をもたらす。しかし、定常状態に近づくにつれ、反応率は逓減し、資産蓄積はそれほど大きな生産物の増加をもたらさなくなる。それはすなわち、次なる資本蓄積の増加率が以前の水準より小さくなってしまうことにもなる。したがって、成長をある程度達成した国の経済成長は鈍くなり、やがて一定水準に収斂《しゅうれん》する、ということなのである。

この収束論争の是非を知るには、もっと長い期間での世界規模の観測が必要だろう。いずれにしても、国家の経済成長という歴史的な事実を、数学モデル、それも仕事算やニュートン算を発展させた発想で扱うことができる、というのはとても楽しいことである。

「失われた10年」の原因を考える

バブル崩壊後の1990年代に日本を襲った長期停滞は、「失われた10年」と呼ばれる。たとえば、2000年から2001年にかけての日本の経済成長率は、マイナス0・6パーセントという驚くべき低水準にとどまっている。

この「失われた10年」の原因については、経済評論家のあいだで、激しい議論がなされてきた。ここ1~2年は、やっと景気回復のきざしが見られるようになったが、そうするとおもしろいことに、どの説を提唱した人びとも勝利ののろしをあげている。このように、経済論戦には「敗者がいない」ということがままある。それは、風邪に対して複数の治療法を同時に使った場合、どれが実際効いたのかが最後までわからないことに似ている。ある人は、抗生物質の投与が効いたのだといい、別の人は生姜湯《しょうが》のおかげだというだろう。また別の人は十分な休養のたまものだというだろうし、祈禱《きとう》の成果だという者までいても不思議ではない。大切なのは、そういう主張をした人のうち、経済を考える上で何か新しいモデルや知見を残したのは誰か、ということであろう。

ここで、日本を代表するマクロ経済学者である林文夫が、これまた著名な経済学者エドワード・C・プレスコットと著した、経済成長理論を用いて「失われた10年」を検証した論文を紹介することにしたい。ただし、日本の景気低迷の真の原因を究明するためではなく、あくまで経済成長理論の発想を理解することが目的である。というのも、林＝プレスコットのモデルが、真実をついているかどうかがわかるにはもう少々時間を要し、現段階では彼らの分析の正否が判断できないからである。しかし、少なくとも確固とした経済成長モデルを提供し科学的に議論のできる土俵を作った業績は、高い評価を受けてしかるべきだ。

景気低迷の原因

林は『失われた10年の真因は何か』[17]のなかで、原論文のモデルをソローモデルの文脈を使って平易に説いている。以下、この本に即して解説していく。

林によれば、新聞や雑誌に掲載された景気低迷をめぐる論議は、おおよそケインズ経済学に依拠した需要の不足に原因を求めるもので、以下の三つに要約できるとのことだ。

第一は、クレジットクランチ（信用危機）説。これは、不良債権を抱える銀行部門が、金融仲介機能を十分に果たすことができず、設備投資に資金が回らない、というものである。第二は、財政政策が十分に景気を刺激しなかったことに原因を求める説。これは政府の失政を指摘するものである。第三は、日銀の金融政策の失敗である。90年代のはじめに、三重野康日銀総裁のもとでなされた高金利政策の解除が遅れ、すみやかな利下げが行われなかったから、とする説である。

林は、これら三つの説をすべて不適当だと考えている。理由は以下である。

まず、ケインズ経済学でさえも、需要不足による景気低迷は短期のものであって、長期には価格の調整を通じて解消される、と考える。しかし一方、日本の景気低迷は長期といってもいい様相を呈した、ということ。また現実には、日銀は90年代には景気浮上のための政策を行ったし、政府支出の対ＧＤＰ比が上昇しているように政府の景気刺激策も実行されていた。また、クレジットクランチ説をとるなら、投資が減退しなければならないが、実際は、投資の対ＧＤＰ比は80年代と変わりない。さらに、これがもっとも重要な注目点なのだが、資本量の対ＧＤＰ比は90年代に急上昇しているのである。

それでは林は、この「失われた10年」の原因を何に求めているのか。

林は、90年代に起きた次の2つの事実に注目している。それは、全要素生産性（ＴＦＰ）の成長率が減衰したことと、１人あたりの労働時間が１割減ったことである。ＴＦＰというのは、いわゆる「技術水準」を表す指標であり、これが大きくなることは、同じ労働量、同じ資本量でも大きな生産量を実現することができることを意味する。林は、何らかの理由でＴＦＰが成長するスピードが遅くなった、と考える。また、１９８８年の労働基準法の改正によって、土曜日を休みにしたり祝日を増やしたりして日本の労働量は、約10パーセント減っている。林は、これが技術水準上昇の鈍化にだめ押しをして、生産量を減少させたと見ているのである。このような林の視線は、技術水準や労働時間といった「実物的」な面に注がれているといっていい。

林＝プレスコットモデル

それでは、以上の林の説を裏打ちする林＝プレスコットの経済成長モデルを、紹介することとしよう。

経済成長モデル４：林＝プレスコットモデル

この国では、国民が設備・機械を使って労働し、生産物を作る。生産物のうちｓの割合を使って機械や設備を作り、昨年存在した設備・機械に追加する。これが投資にあたる。つまり、新たに作られたこれらの機械や設備は翌年資本として利用され、追加的な生産物を生み出す。

昨年存在した資本のうちdの割合は、減耗する。生産物のうち投資に使う分を取り去って残る(1引くs)の割合の生産物は国民によって消費される。人口は一定であるが、その生産性は向上している。つまり、労働者1人が1年にする仕事の量を1単位とし、その仕事1単位が生み出す「労働効率」はgの率で成長する、と仮定する。このgを労働増加的技術進歩率と呼ぶ。

労働効率1単位あたりの仕事が利用する資本の量をkとすると、労働効率1単位あたりの生産物の量yはkに関して凹である。


このモデルの特徴は、ソローモデルに比べて、人口成長をなくした分、「労働効率」が向上する効果を導入したことである。たとえば、労働増加的技術進歩率gが0・01だったとすると、昨年には労働者1・01人で達成できた労働が、今年には1人でできるようになるのである。これは、労働の質が向上している、と考えてもいいし、労働を効率的に使える技術進歩がある、と考えてもいい。普通ならなかなか飲み込めない概念だが、本章の冒頭で仕事算をエクササイズした読者諸氏には、難なく受け入れられることと思う。

モデルが複雑化したようにも見えるが、実際はソローモデルそのままだと理解していい。ソローモデルでは、労働者の人数が増加したのだが、このモデルでは、労働者の人数が同じでありながらも、「労働人口が増えたのと同様の効果が技術進歩によってもたらされている」、というのにすぎないのだ。

さて、これまでにならって、このモデルの経済成長の姿を描写してみよう。

今度は、「労働効率1単位あたりの資本k」を基準に考える。ソローモデルでは、人口が増えながら、その人口1人あたりが使う資本を基準にしたが、このモデルでは労働効率が増加しながら、その労働効率1あたりの使う資本を基準にするのである。

資本が昨年に比べてdの比率で減耗することは同じである。また、労働効率がgの率で上昇するので、新たに増える労働効率に奪われる資本の分が、「昨年の資本量×g」であることは、人口成長を労働効率の成長に置き換えるとすぐわかる。したがって、

「資本減少のパート」=「資本量k」×「減耗率d＋労働効率の成長率g」

となる。他方、資本が補充される仕組みは、ソローモデルと同じで、貯蓄=投資からであり、

「資本増加のパート」=「生産物の量y」×「貯蓄率s」

となる。

以上から、定常状態では、

「資本量k^*」×「減耗率d＋労働効率の成長率g」=「生産物の量y^*」×「貯蓄率s」

が成立するのも、ソローモデルとまったく同じ理由による。

さて、80年代の日本が、このような定常状態に落ち着いていた、と仮定しよう。このときのGD

Pの経済成長率は、労働効率の成長率gとなる（ソローモデルでは、150ページで見たように人口の成長率nと一致したことを思いだそう）。林はこれを2・8パーセント程度と推定している。

そして、90年代に入り、何らかの理由でgの低下が起きた、と林は考える。林は、これによってgが2・8パーセントから0・3パーセントに低下したと見積もっている。するとどうなるだろうか。

まず、「資本減少のパート」のgが小さくなったことから、資本減少が小さくなる。これまではちょうど資本減少分を補っていた資本増加のパートには、補ってなお余剰が出ることになる。すると、今まで定常状態のために止まっていた（労働効率1単位あたりの）資本量が増加しはじめるだろう。林は、これがさきほど説明した90年代に起きた資本量の増加の理由である、と説明している。

資本量の増加は、次第に逓減しながら、新しい定常状態に落ち着くことになろう。このとき、GDPの成長率は、経済効率の新たな成長率g＝0・003（0・3パーセント）と一致することになるのだ。つまり、gの減少は、資本量の急激な増加をともないながら、経済成長率を2・8パーセントから0・3パーセントに押し下げた、というわけである。

経済成長理論への期待感

林＝プレスコットのモデルを信頼するなら、国家の経済成長に重要な寄与をするのは、**労働効率の成長率**ということになる。労働効率というと抽象的だが、要するに、労働者の技能や知識がどのように向上していくか、あるいは、同じ労働と資本からもっと大きな収穫を生み出すような技術革新や公共インフラや社会制度がどう蓄積されていくか、それが肝要だということなのである。だとすれば、労働効率の成長率は、最近話題になっている若年層の労働効率の問題（ニート問題）や所得再配分問題（格差問題）、資本の有効利用の問題（株を使った買収問題）などとも緊密に関係しているといえよう。

このように、林の景気低迷の原因に関する感触は、ケインズ派やその亜流論者の「何らかの理由で消費や投資が控えられている」という需要主因説とは180度異なり、ある意味目に見える、労働時間や技術水準やインフラなどの実物的な面にあるのである。

以上で林＝プレスコットモデルの解説を終えるが、ソローモデルのシチュエーションをちょっといじくるだけで、日本の景気低迷のダイナミクスを読み解ける（一案を提示できる）ことに驚いたのではないだろうか。さらにいうなら、大学院レベルでしか講義がなされないこの経済成長理論が、実は仕事算・ニュートン算の発展形であり、おおよそプリミティブな発想であることにも、興味を覚えていただけたと信じる。

第5章●「数え上げ」から不可逆現象へ――格差社会を読みとく思考

数え上げのテクニック

「数え上げ」の問題は、中学入試の算数から大学入試の数学まで、長いスパンで出題される分野だ。しかも、その発想の方法や計算テクニックは、小学生でも高校生でもほとんど変わらない、というのがおもしろいところである。つまり、数え上げの技術は、年齢や発達段階や知識の多寡とは関係ない非常にプリミティブなアイデアからできている、ということになるわけだ。とりあえず問題をいくつか見てみよう。

問題

(1) 公園のベンチに4人が並んですわります。並び順を入れかえると何通りのすわり方がありますか。（05加藤学園暁秀）

(2) 5人の生徒を、3人と2人の組に分ける方法は何通りですか。（05香蘭女学校）

(3) 10角形の対角線は全部で何本ですか。（05沖縄尚学高等学校附属）

(4) A、B、C、D、E、Fの6人の生徒から3人の選手を試合に出す場合の選手の選び方は全部で何通りですか。（05履正社学園豊中）

これらの問題は、実際に列挙して数え尽くしてしまえば答えることができるという意味では、代数や幾何の問題に比べてとっつきやすいといえる。また、実際に列挙して数え尽くす、という作業は、本当は誰もが年少のうちに経験しておいたほうがよい。それは、「重複なくとりこぼしなく数えること」の難しさを実感できる上、ときとして「どうやれば上手に省エネで数えられるのか」というヒントを与えてもらえるからである。数え上げの問題を高校生になっても不得意とする人は、おうおうにして、小学生や中学生のときに具体的に列挙する手間を惜しんで「公式の暗記」で乗り切ろうとしてきたのではないかと感じる。読者諸氏も、もしも自分が数え上げの問題が苦手だと感じているのなら、まだ遅くはない、初歩に立ち返って、具体的に列挙する練習をしてみることをお勧めする。

重要なのは「もれなく重複なく」ということ

これらの数え上げの問題を解く上で、重要なことは二つ。第一は、とりこぼしなくもれなく数えること。第二は、重複なく数えること、である。このことは、口でいうのは易しいが、実行するのは困難である。これをきちんとこなすためには、「数え上げたいものを何かの記号を使って上手に表現する」ということが肝要なのだ。ちょっと難しくいうと**「対象を適切に暗号化する」**ということである。

たとえば、さきほどの問題(3)を取り上げよう。

10角形の対角線をどう暗号化したらいいだろうか。もっとも自然なのは、頂点に番号0、1、2、3、4、5、6、7、8、9をつけて、対角線の両端の番号を並列し、それを対角線とみなすことだろう（図5―1）。たとえば、頂点1と頂点5を結んだ対角線を15と書こう。37とか84なども同様の意味だ。ただし、44のように同じ頂点を結んだものはダメ。また、23とか56とか90のような隣り合う頂点を結んだものもだめだ。これは10角形の「辺」であって、対角線にはならないからである。このような方法によって、対角線がすべて暗号化されることは明白だろう。

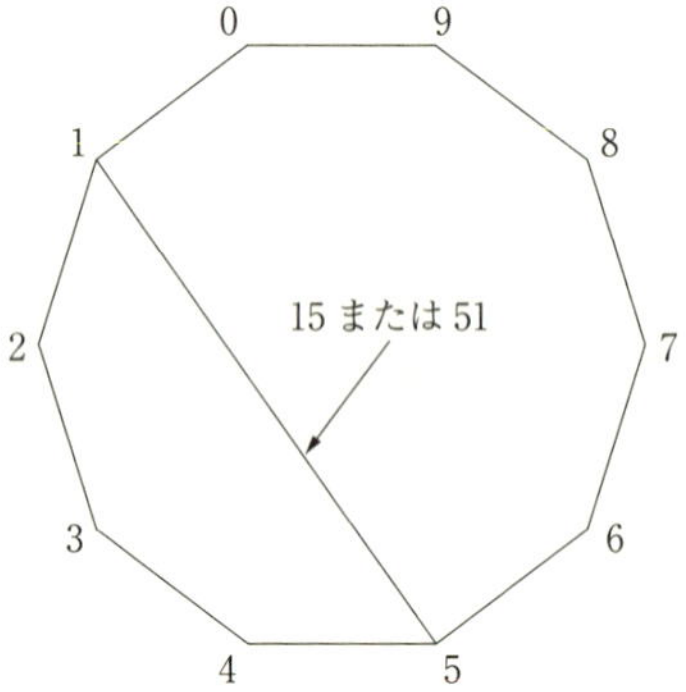

図5―1

暗号化できたとして、次なるステップは、重複を取り除くことだ。つまり、「見かけ上は違っていても実は同じとみなされるべき暗号はどれか」をはっきりつかむことなのである。10角形の対角線の例でいうと、15と51は暗号としての見かけは違っていても、同じ対角線を表している（図5―1）。頂点1から頂点5に向かって線を引いても、頂点5から頂点1に向かって線を引いても、同じ対角線になるからだ。このような「重複」は、数え上げの上で取り除かなければならない。

このように、数え上げの問題を解くときに重要なのは、「どういうふうに暗号化するか」と「暗号としての見かけは違っていても表しているものが同じになるものを取り除く」の2点だというわけである。

樹形図のテクニック

以上をふまえた上で、数え上げにおいてもっともよく使われる「樹形図」というテクニックを教えよう。これは「数えたい対象を暗号化したもの」を、枝分かれの形式で列挙していく方法だ。

再び対角線を取り上げるが、10角形では樹形図を描くスペースがかさむので、5角形にして解説することにする。5角形の対角線を「暗号」abという形で表そう。ここでaもbも1から5までの数字である。これだけから「暗号」の全体数を数えると、5×5＝25個あることになるが、ここから「ありえないもの」と「重複」を取り除かないといけない、ということに注意したい。

まず図5—2を見よう。上の段は暗号のaの部分を意味し、下の段は暗号のbを表す。aには、1から5まですべての頂点を選ぶことができるが、いったんaの数字を選んでしまうと、それにつらなるbについては、1から5すべてを選ぶことはできない。さきほど述べたように、たとえばaにおいて1を選んだら、bには自分自身（1）および両隣にあたる5、2を選んでも対角線にはならないからだ。すると、最初に枝が5つに分かれたあと、その各枝先がおのおの2つずつに分かれるので、結局最終的な枝先は5×2＝10通りになる。

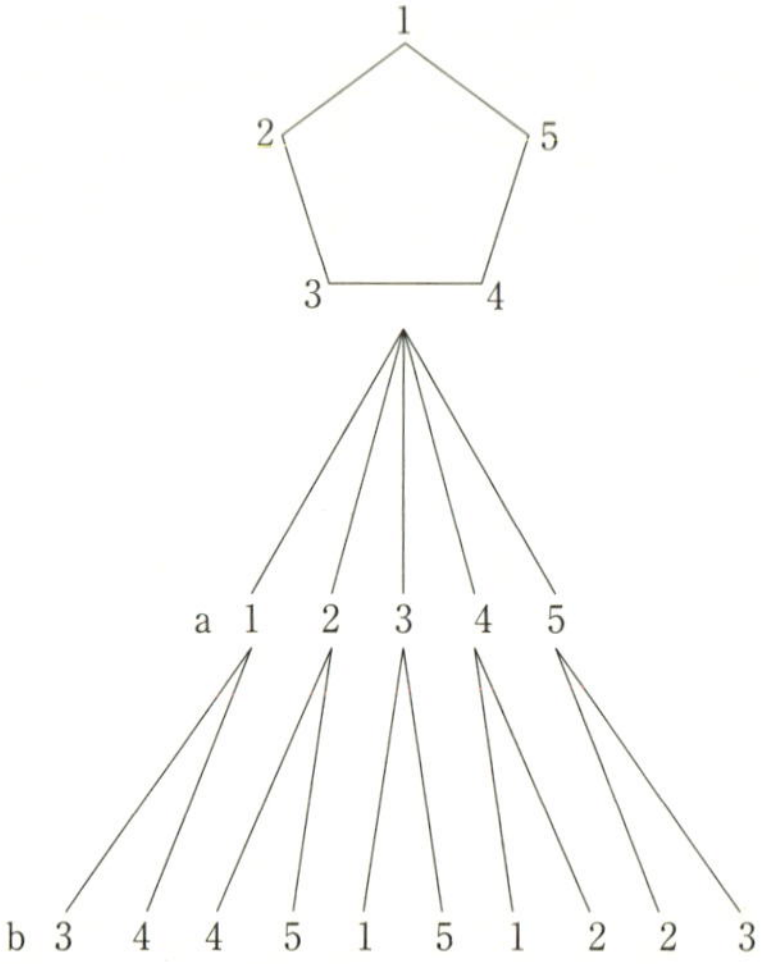

図5―2

これで、対角線を暗号にしたものが10個得られたことになる。ここでなぜ「掛け算」をしていいのかを、ちゃんと理解しておくのがだいじだろう。どの枝先も同じ数（２つ）に枝分かれしているから、掛け算ができるわけである。枝先によって出る枝の数が違ったらもちろん掛け算は使えない。

この樹形図で「もれなく」のほうは満たしたが、まだ「重複」があることに注意されたし。たとえば13という枝と31という枝は、暗号としては異なるが、同一の対角線を表している。この重複を取り除くにはどうしたらいいのだろうか。

これは難しくはない。なぜなら、一つの対象（対角線）を何個の異なる暗号が表しているか、そういう逆の見方をしてみればいいからだ。今いったように、頂点1と3を結ぶ対角線に対して、これを表す暗号は13と31の二つがある。このことはどの対角線についても同じである。つまり、樹形図で得られた暗号の数は対角線の数のちょうど2倍になっているはずだ、ということがわかるだろう。以上から、求めたかった5角形の対角線の数は5×2÷2＝5本となることがわかるのである。

これを10角形に応用すれば、問題(3)の答えがすぐに得られる。つまり10×7÷2＝35本というのが正解だ。

順列・組合せのテクニック

この「暗号化したあと樹形図を使ってカウントする」テクニックで、ほかの問題を解いてみよう。まず(2)。5人の生徒を3人と2人に分ける分け方を考えよう。まず、この「分け方」というのを暗号化してみる。5人の生徒に1、2、3、4、5と番号をつけよう。そして、3人と2人に分けるとき、2人のほうの生徒を順に選び、彼らの番号をつなげて15とか42とか表すことにする（3人のほうを選んでも同じだが、2人のほうが楽）。この暗号の総数をカウントするために、樹形図を描くことにしよう。最初の枝は1から5までの5つに分かれる。そして各枝先から出る枝は、最初に選ばれた生徒をもう選ぶことができないことから4本ずつになる（たとえば、2の枝先から出る枝は1、3、4、5の4本、という具合だ）。したがって、暗号の総数は5×4と計算される。

次に重複を取り除こう。たとえば、1、3、5と2、4に分ける分け方が、暗号でどう表されるかを考えてみる。これは24か42と表現されているはずだ。このように、どの1つの対象（分け方）に対しても、2つの異なる暗号がそれを表現するから、樹形図でカウントされた暗号の総数を2で割ったものが、分け方の総数となるとわかる。つまり、求める数は5×4÷2＝10通りということだ。

次は(1)。これは、樹形図を使えば、今まで解説したものよりむしろ簡単だ。4人の人をA、B、

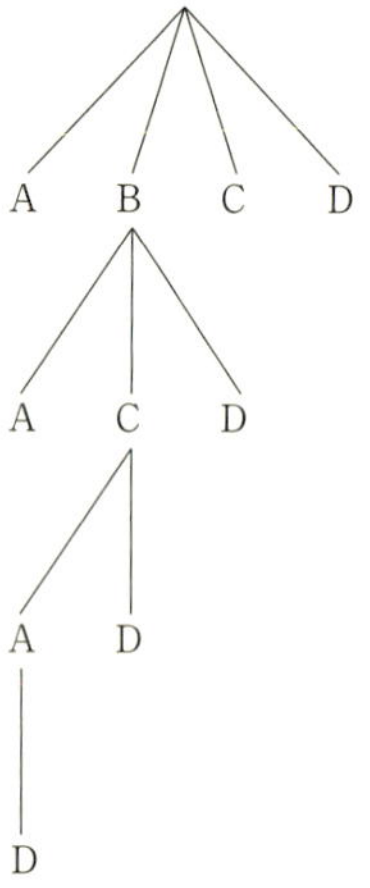

図5—3

C、Dと名づけよう。この4文字を適当な順に並べてできる暗号ですわり方をもれなく表現できる。さらには、これには「重複」も含まれない。なぜなら、「順序が違っていれば、必ず違うすわり方とみなされる」からである。

まず、1番右の文字の決め方によって、4つの枝分かれができる。右から2番目の人の決め方は、その各枝先が3つに枝分かれすることによって列挙することができよう。なぜ枝が1つ減るのか、というと、最初にすわった人はもうここで選ぶことができなくなるからだ。この段階で枝先は4×3個になる。つぎに右から3番目を決めよう。

今の4×3個の枝先から、おのおの2つずつの枝が出る。それは、そこまでにすでに決まっている2人以外を選ばないといけないからである。これで枝先は4×3×2個になった。これで残る人は1人だから、最後は枝が1つずつだけ出ることになる。つまり、求めるすわり方は4×3×2×1＝24通りである（図5—3）。このような「順番が違うものを異なるものだとみなす」数え上げのことを**順列**と呼ぶ。4つのものを並べる順列は、いま見たように4×3×2×1で計算されるが、これを数学記号で4!と簡潔に表すことができる。このようにnにビックリマークをつけたn!は、1からnまでの整数をすべて掛け合わせた計算を表し、「nの階乗」と読む。インターナショナル記号なので、外国でも通用するから安心されたし。今の問題でわかったように、n個の異なるものを適当な順に並べて作られる順列は、n!通りあることになる。

最後に(4)を解いてみよう。6人の生徒A、B、C、D、E、Fから3人の選手を試合に出す選び方の問題だ。

これも暗号化するのは、直接的なアイデアでいける。あなたがコーチになったつもりで、(スポ根マンガさながら)整列している6人から順に3人を指名していき、それをそのまま記号で書きとめてみればいい。たとえば、EBFと書きとめれば、それはEさん、Bさん、Fさんの3人が選手として選出されたことになるわけだ。

このようにできる暗号の総数は樹形図で簡単に求められる。最初にコーチが指名する人によって、6つの枝分かれが可能だ。次の選手は、最初の人を除く5人のなかから選ばれるので、それぞれの枝先から5つずつ枝が出るから、枝先の総数は6×5個になる。いま、それぞれの枝先まで枝をたどることによって2人の選手が決まっているので、残る4人から1人を選べば、選手は全員決定するのである。つまり、6×5個の枝先からそれぞれ4つの枝が出て指名作業は終了する。暗号の総数は6×5×4個ということになる。

この段階ではまだ順列だということに注意しよう。つまり、選ばれた3人の選手団が「団」としては同一であっても、コーチが指名した順番が違っていれば違ったものとしてカウントされているのである。ことばを変えるなら、異なる暗号が同じ選手団を表していることがある。たとえば、EBFとFEBは、暗号としては異なっているが、選手団としては同一になっている。したがって、対角線の例でやったように、何個の暗号が同一の対象を表しているか、それをカウントしてその分を縮める作業が必要だ。

たとえば、B、E、Fの3人が選手団となる選び方に対して、これを表す暗号はこの3文字を並べる並べ方の分だけある、とすぐ見抜ける。具体的には、BEF、BFE、EBF、EFB、FBE、FEBの6通りの指名は、すべて同じ選手団を選出している。実際は、このように具体的に数え上げなくても、すぐ前に解説した順列の考え方で簡単に計算できる。$3!=3\times2\times1=6$通りとやればいい。したがって求める選手の選び方は、$(6\times5\times4)\div(3\times2\times1)=20$通りということになる。

このように、n個の異なるものからr個を選び出す選び方（選び出した順番はどうでもよく、最後に選ばれている「団」だけを問題とする）のことを**「組合せ数」**と呼び、記号では${}_nC_r$と記す。今の問題の場合は、

$${}_6C_3=(6\times5\times4)\div(3\times2\times1)=20$$

と計算されるわけだ。

「同質性」「異質性」という視点

これまでの解説でおわかりになったと思うが、数え上げをするときに大切なのは、できごとをもれなく暗号化した上で、どの暗号たちが同一の対象を表現しているのか、それをしっかりと理解す

ることだった。ちょっと格好をつけていうなら、**「同質性と異質性」という視点で世界を見つめることなのである。**

このような同質性あるいは異質性というものの見方は、算数だけでなく、実生活上でもプリミティブなものであろう。もっともこれが顕著に表れるのは、「仲間意識」や「同胞意識」、「同郷意識」においてである。そしてこれを裏返すなら、差別や偏見といった深刻な問題もはらんでくる。

たとえば、サッカーや野球のようなスポーツで世界大会が行われるとき、観戦者の多くがどこかのチームに感情移入して観戦するのは自然な習性に違いない。そういうふうに観戦したほうが興奮の度合いは大きくなるからである。そのとき、「自分と同国の選手団である」という同質性が基本となるのは自然なことだ。さらには「同じ人種の」とか「同じ言語圏の」とか「同じ経済圏の」などが同質性として意識されても不思議ではない。

しかし、同質性の意識とは裏返せば、異質性の意識でもある。異質性の意識は、学校でのいじめやいま顕著化しつつある排他的ナショナリズムにもつながり、社会に大きな問題を引き起こすので用心が必要だ。

このような排他意識の問題については、物理学の話を経由したあとで戻ってくることとしよう。

逆戻りできない自然現象

自然現象のなかには、逆戻りできないものがたくさんある。それは**「不可逆現象」**と呼ばれる。

たとえば、水に赤インクをひとしずく垂らす。インクはだんだん水全体に広がっていって、水は薄赤色に変わる。しかし、この薄赤色の水を放置しておいても、いつのまにか水が透明に戻り、水面に一滴のインクのしずくが浮かぶことはけっしてない。インクの拡散は、逆戻りできない現象なのである。ほとんど同じようなことだが、熱湯の入った容器と冷水の入った容器を接触させて置いておくと、両方の容器がぬるま湯になるだろう。しかし、そのまま放置しておいて、片方が熱湯に戻り、もう片方が冷水に戻る、といった現象は見たことがない。この接触している物質の温度が一様化する現象も、逆戻りできない現象だということができる。

あるいは、地面上をすべっている物体が、いつか静止してしまう現象などもそうである。このとき、運動する物体のもっていたエネルギーは、地面との摩擦によって、熱になって発散する。けれども、逆に静止していた物体が、地面から熱を勝手に吸い上げて、突然動き出すというのは見たことがない。

もしも、これらの現象が逆戻り可能なものだったとすれば、私たちの生活は今より利便的なものだったことは疑いない。水中にまんべんなく薄く混入している何らかの有効成分を、まったく労力をかけずに抽出できるし、ぬるま湯から熱湯と冷水を分離し、熱湯で発電、冷水で部屋を冷やせば、石油エネルギーなど不要になる。また、地面の熱を勝手に吸い上げて動く自動車が発明できれば、エネルギー問題と環境問題は一気に解決である。

とはいっても、場面によっては不可逆現象から私たちが利益を受けていることもある。いま、容器のなかをしきりで2つに区切り、半分に空気を閉じ込めて、残りの半分は真空にしておこう。そしてしきりを取り除く。空気は一瞬で容器全体に広がるだろう。しかし、この空気がもとの空間半分だけに移動し、残る半分が真空に戻る、なんてことはけっして起きない。もし、こんなことが起こるようだったら、私たちは生きてはいられまい。自分の周囲の空気が突然なくなってしまって、窒息死するからである。こういう悲劇に私たちが遭遇しないのは、空気がまんべんなく広がると、それが一部の空間に戻ることがないからなのである。

意外なことだが、これらの不可逆現象の背後には「数え上げ」のからくりがあるのだ。それをこれから解説していこう。

気体分子を樹形図で表現する

まず、部屋の空気が一部の場所に全部集まって、真空の場所ができることがないのはなぜか、を考える。

ご存じのように、空気というのは分子と呼ばれる微小な粒子が膨大な数、集まってできている。空気そのものは、酸素とか窒素とか、いろいろな種類の分子の混合体なのだが、めんどうなので一括して「気体分子」と呼ぶことにしよう。

さて、気体分子はおおよそ10の23乗程度の個数からなっている。これは1億×1億×1千万であるから、とにかく膨大な数だ。これら気体分子に1、2、3、4、……、nという具合に番号をつけておく。このような膨大な数n個の粒子が部屋中をすごいスピードで飛び回っているようすを空想しておいてほしい。

いま、部屋を半分に分けて一方をA、他方をBと呼ぶ。気体分子はものすごいスピードでさまざまな方向に向かって飛行し、壁にぶつかると跳ね返る。このとき、ある瞬間を写真に撮ることを繰り返せば、各写真で分子おのおのがAとBのどちらにいるかは、ほとんどランダムだと考えていいだろう。つまり、気体分子1番からn番おのおのがAにいるかBにいるか、そのすべての場合が対等に起きるだろうと考えられる。ある瞬間の各分子の状態を暗号化するなら、分子1番の位置、分子2番の位置という具合に並べていって、ABAABBA……のようなn文字列（暗号）を作ることと考えればいい。これで、部屋の空気の問題が、数え上げの問題に帰着することになる。

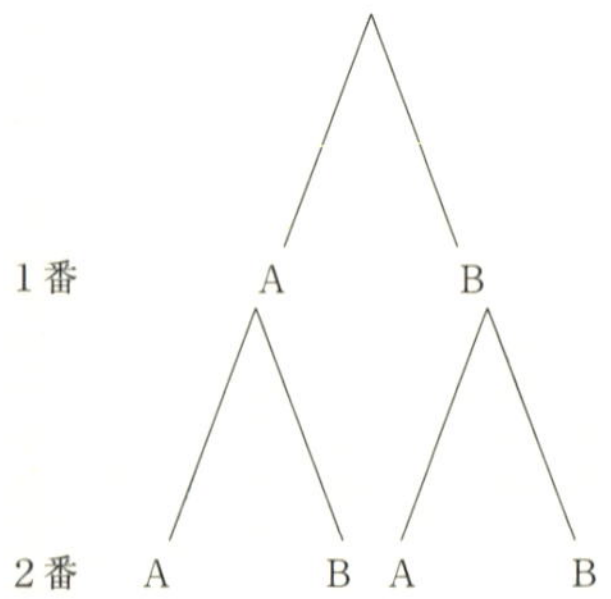

図5—4

まず、このすべての暗号数を数え上げてみよう。これも樹形図を使うと一発で求まってしまう。図5—4のように1番の分子がA、Bどちらにいるかで、2つに枝分かれし、次に2番の分子がA、Bどちらにいるかで、さらに2つに枝分かれし、という具合に枝を2つ2つと枝分かれさせていけばよい。この枝のたどり方それぞれが、暗号1つと対応している。したがって、全暗号数は2×2×2×……×2＝2のn乗となる。

さて、いま私たちにとって重要な問題は、何番の分子がどちらの部屋にいるかではないことに注意しよう。大切なのは、「2つの部屋に何個ずつ気体分子が入っているか」、もっと端的にいうなら、**「片方の部屋が窒息するほどに空気が薄くなることがあるか」**ということだ。これを知るには、分子のどれがどこにいるかはどうでもよく、その個数だけが問題になる。

「かまいたち」にやられない理由

今度は、先に求めた2のn乗通りの場合のなかで、「Aにk個、Bにn引くk個」の分子が入っているような場合が何通りあるか、それに注目することにする。

これは問題(2)や(4)と同じものであることを確認してほしい。1番からn番の分子のうちから、k個を選んでAに入れるその組合せ数そのものだからだ。だからこれをカウントするのには、組合せ数のテクニックを使うのである。したがって、これは、$_nC_k$通りとなる。

ここからが肝心な部分だ。結論から先にいってしまうと、nがある程度大きいなら、2のn乗通りの場合の大部分は、「半々に分けるのに近い分け方」に集中している、ということが知られている。具体例を見てみよう。

図5—5は、36個からk個を選ぶ組合せ数を表にしたものである。左の欄がkで、右の欄が組合せ数である。たとえば、上から2段目は、36個から1個を選ぶ組合せ数が36通りであることを示している。眺めておわかりになると思うが、36の半分にあたる18の近辺に大部分の場合が集中してい

0	1
1	36
2	630
3	7140
4	58905
5	376992
6	1947792
7	8347680
8	30260340
9	94143280
10	254186856
11	600805296
12	1251677700
13	2310789600
14	3796297200
15	5567902560
16	7307872110
17	8597496600
18	9075135300
19	8597496600
20	7307872110
21	5567902560
22	3796297200
23	2310789600
24	1251677700
25	600805296
26	254186856
27	94143280
28	30260340
29	8347680
30	1947792
31	376992
32	58905
33	7140
34	630
35	36
36	1

図5—5

る。つまり組合せ数は、kが12から24くらいのところが非常に多く、11と25のところでぐっとケタがさがる。実際、12から24までのあいだの組合せ数の合計は、667億3920万6840通りで、総数2の36乗＝687億1947万6736通りのうちの約97パーセントを占めている。つまり、気体分子が36個の場合は、Aの部屋の分子数が半分の18個から（多いほうにでも少ないほうにでも）6個以下しか離れない確率は約97パーセントということになるわけだ。

まず、これから、「片方の部屋が真空になる」ということは絶対ありえない、とわかるだろう。分子数が36個しかないこの場合でさえ、Aの部屋が真空になる確率は687億1947万6736分の1である。現実にはnは1億×1億×1千万だから、「絶対」と言いきっていい。

では、「片方の部屋が窒息する程度に空気が薄くなる」というのはどうだろうか。実は、次のような法則が統計学でよく知られている。つまり、分子数がn個で、nが十分大きいならば、Aの部屋の分子数が半分からnのルートの個数より多くなったり、半分からnのルートの個数より少なくなったりする確率は5パーセント程度、というものである。実際、表の例であるn＝36の場合は、36のルート＝6なので、この法則に合致している。さらには、半分からnのルートの2倍より多くなったり、少なくなったりする確率は千が一、万が一というオーダーになってしまう。

前に述べたように、nが10の23乗の場合には、nのルートは、おおよそ12ケタの数になる。これは多い数に思えるが、もとの分子数に比べるときわめて少ない。すなわち、Aの部屋の分子数が半分から0・000000000012というわずかな比率離れようとするだけで、それこそ「万が一」になってしまうわけである。だから、一方の部屋の空気が窒息するほど薄くなることは絶対起こらない、といっていい。

余談になるが、地方には「かまいたち」という言い伝えがある。これは、山道を歩いている人の手や足が急に裂けて、出血するような現象のことだ。「鎌をもったイタチ」みたいな妖怪のしわざといわれ、それで「かまいたち」という名称になったとのことである。このかまいたちの科学的説明に「突然できる真空」が持ち出されることがあり、筆者も何度か耳にしたことがある。しかし、科学的根拠はまったく確認されていないそうだ。実際、さきほどの説明からこういうことは確率的には絶対といっていいほど起きない、ということがわかっただろう。

乱雑になろうとする力

このように気体分子が部屋いっぱいに広がろうとする性質のことを「**拡散**」という。気体の拡散は圧力となって現れる。気体が拡散しようとする圧力を利用して動かすのが、いうまでもなく蒸気機関である。ワットの発明のエピソードを第3章で解説したのをご記憶のことだろう。

この「分子の拡散」という性質に気づいた最初の人は、18世紀のダニエル・ベルヌーイだったそうだ。[18] しかし、この卓見はそれほど注目されずに終わる。その後、近代原子論の創始者となった18世紀から19世紀にかけての化学者ジョン・ドールトンらは、気体分子が互いに反発力を作用し合っていて、それが圧力の原因であると考えたらしい。空中にある物体が重力による位置エネルギーを減らそうとして地面に向かって落下するのと同じように、気体分子も互いが近距離にあることによって蓄積された位置エネルギーを減少させるように拡散する、と考えたのである。

しかし、実際はそうではないことが次第につきとめられていくことになった。拡散を理解するには、「組合せ数」の考え方が必要なのである。**自然界には「できるだけ組合せ数を増やそう」という習性がある。**気体分子の場合には、それが拡散現象として表れる。片方の部屋のなかに閉じこもっているより、二つの部屋に出入りできたほうがより組合せ数が増す。「より自由になる」、といいかえてもいいだろう。だから、気体分子は拡散しようとし、それが圧力となって現れるのである。このような物理現象における「組合せ数」は「エントロピー」と呼ばれる。**自然は、できるだけエントロピーを増加させようとふるまう習性をもつのである。**

物質現象における不可逆現象は、このエントロピー増大の帰結である。半分の部屋に閉じこめられていた気体分子は、壁が取り外されると、組合せ数を増やす習性から、部屋全体に拡散する。拡散した気体分子は、部屋の両側を飛び回るが、その分子の膨大さゆえ、片方だけに戻る、ということが確率論的にゼロに限りなく近く、そんなことはけっして起こらない。二つの部屋の分子数に多少のゆらぎは起こるが、それはごくわずかな比率の違いに収まるのである。それゆえ、いったんめいっぱいの自由を得た気体分子の世界は、もとには戻らないのである。

熱現象とエントロピー——お金の比喩で考える

熱に関する自然現象の多くは、不可逆現象である。もっとも単純なものは、さきに紹介したような、熱い物体と冷たい物体を接触させると、熱い物体から冷たい物体へと熱量が移動し、互いの温度がだんだん近くなっていき、やがては等温にいたることである。これをエントロピー、すなわち組合せ数から説明するにはどうすればいいのだろうか。

まず、熱現象というのは分子の運動の帰結である、という理解が肝要である。液体にせよ気体にせよ、物質の内部では膨大な分子たちが動き回っている。それら分子のもつエネルギー（たとえば、運動エネルギーなら質量と速度の2乗に比例する量）が熱なのである。つまり、熱い物質では冷たい物質に比べて分子たちがそれだけ猛スピードで動き回っているわけである。このとき、液体や気体の「温度」というのは平均として分子1個がもっているエネルギーであると理解すればいい。

自然が、温度を均一化するようにふるまい、その逆が不可能なのは、このような均一化が「組合せ数を増やす」ことになるからである。つまり、熱が高温部から低温部へ流れる現象は、エントロピーを増加させる、ということなのだ。

この感じをわかってもらうには、分子よりもお金の例を使ったほうが門外漢にはぴんとくるので、たとえ話で説明しよう。

分子を国民、エネルギーを資産に置き換える。すると分子たちが乱雑になろうとする習性によって実現される組合せ数の最大化は、「一定の資産を国民に配分する場合、誰にいくら誰にいくら、という組合せ数を数え上げて、その組合せ数が一番多くなるような分配」ということに置き換わる。

このたとえ話のなかで熱い物体と冷たい物体の接触を扱うなら、次のようにすればいい。いま、2国だけ友好関係にあるA国とB国を考えよう。この2国では、国民の行き来は許されないが、資産の移動はみとめる。このときに両国民に合計として一定の資産を分配する上で、組合せ数がもっとも多くなる資産配分を求めればいいのである。

計算は省略して結論だけをいうと、組合せ数が最大化される資産配分においては、A国の1人あたりの資産額とB国のそれとは一致してしまう。ところで、この1人あたりの資産額というは、もとの分子の運動においては、分子1個あたりの平均のエネルギーにあたるのである。さきほど述べたように、この分子1個あたりの平均のエネルギーこそが温度であった。したがってこれは、組合せ数最大化の結果、2つの物質は等温にならなければいけないことを意味している。

格差社会とエントロピー

これまで解説してきたように、自然界は、物質のミクロレベルにおける状態の組合せの数が増大する方向、つまり「より乱雑になる方向」に遷移《せんい》する、という習性をもっていた。では、社会はどうなのだろうか。

社会では、必ずしもそうではないように筆者には思われる。つまり社会は、より乱雑になる方向ではなく、**より組織化された方向、より規則正しい方向に移動する習性をもっている**ように思われる。比喩的な表現ではあるが、**社会ではエントロピーの減少が見られる**、ということなのである。

このことを数理的に説明したモデルを、第3章でも紹介したクルーグマン『自己組織化の経済学』から引用しよう。この本のなかでクルーグマンは、トーマス・C・シェリングの研究を紹介している。シェリングは、ゲーム理論の先駆的な研究者であり、２００５年にノーベル経済学賞を受賞している。

シェリングは人種の分離居住の原因を次のように数理的に説明している。まず、チェス盤のように64個のマス目に区切られた区域からなる都市を想定しよう。ここにAとBという2種類の人種がいるとする。どちらの人種も、ほかの人種を完全に嫌っているわけではないが、多少気にすることがあると仮定する。それは次のような状況だ。住民1人に対して、周囲に隣人が1人の場合、その隣人が同じ人種でなければ移動しようとする。隣人が2人いる場合には、そのうち少なくとも1人が同じ人種でなければ移動する。隣人が3人から5人の場合、少なくとも2人が同じ人種でないと移動する。隣人が6人から8人いる場合、少なくとも3人が同じ人種でないと移動する。以下同様で、少なくとも半数前後の隣人が同じ人種でないと定住しないのである。

　これを見ると、住民の人種に関する選《え》り好みは、そんなに強いものではない、といっていいだろう。実際、チェス盤のマス目に完全に交互にAとBを居住させていくこと（黒のマスにはAを、白のマスにはBを置くこと）（図5—6）は、そのまま移動せずに居住する条件を満たしている。しか

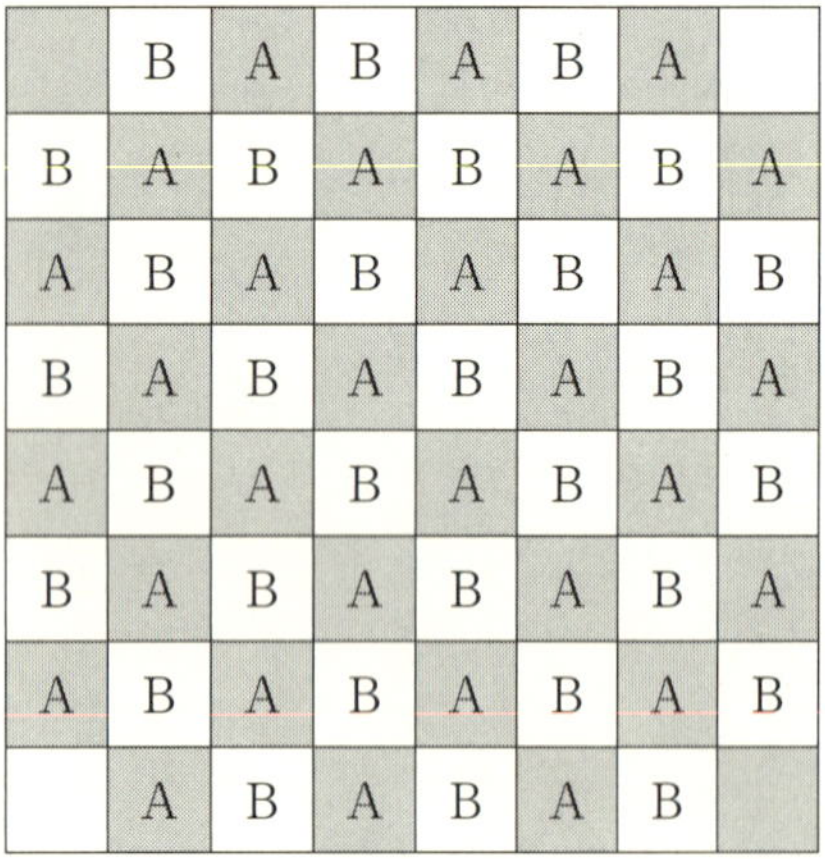

図5—6

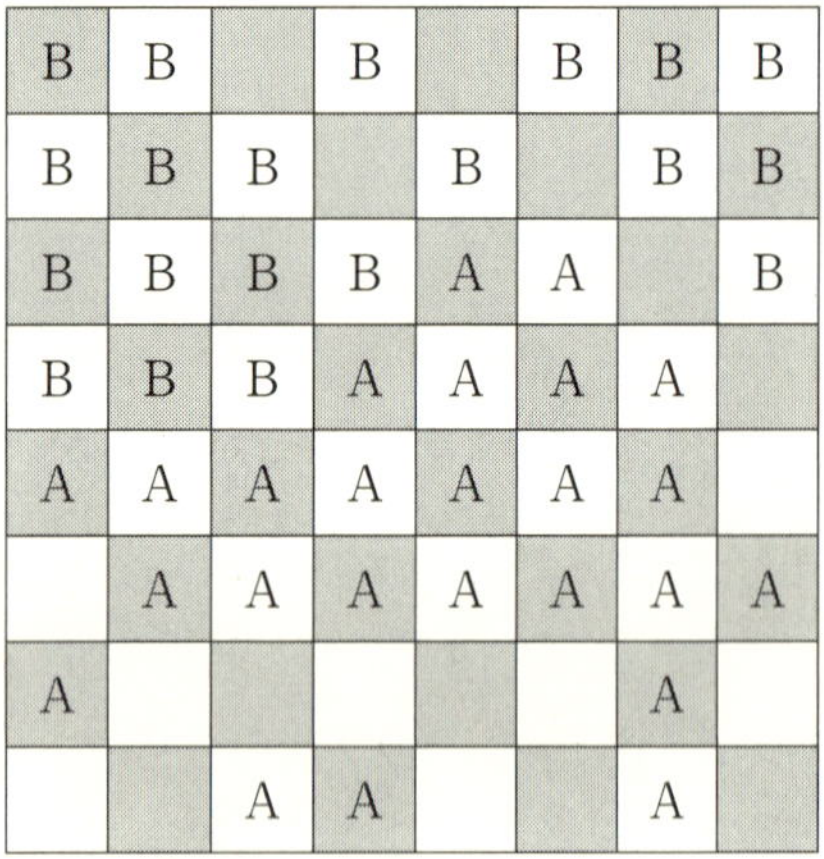

図5—7（図5—6，5—7ともにクルーグマン『自己組織化の経済学』より）

し、実際にやってみるとわかることだが、この完全に均一的な配置からちょっとだけ住民の移動が偶発的に起こったとすると、そのせいで我慢ならなくなる住民が登場する。そこで再び、その住民たちが満足するように移動する。こういうことを繰り返すと、しまいには人種Aと人種Bはおおよそ2つの地域に分離してしまうことになるのである（図5―7。読者も実際にやってみてほしい）。

シェリングのこのモデルは、人間社会においては、完全なランダム化、つまり組合せ数の多さに向かって行動がなされるわけではなく、**人間はある種の秩序を形成してしまう習性をもっているかもしれない**、ということを示唆している。これほど緩《ゆる》い仮定でもそうなのだから、ここに若干の排他的な意識が混入すれば、その異質性排除の効果が絶大なものになっても不思議ではない。シェリングのモデルは、人間が時として小さな排他意識から鮮明な分離行動を生み出す可能性を説明している。

中学受験にかかわる「情報とネットワーク」

社会におけるエントロピーの減少を考えるとき、学校教育によって親から子へと社会的ステイタスが受け継がれる現象は、もっともシリアスな例となろう。しかもそれは、筆者が思うに、中学入試と無関係ではなく、背後に受験算数がかかわっているから、本書のテーマと二重につながるところがある。

現在では、15パーセントの親が子供を六年一貫校に進学させたいと考えている、というアンケート結果がある。また他方、東大合格者の親の平均年収が1000万円程度であって、国民全体の平均年収の倍近い、という統計もあるようだ。ドラマ化もされたマンガ『ドラゴン桜』は、「東大に行くことは勝ち組になること」というメッセージによって話題になったが、**「勝ち組の親が、子を再び勝ち組にする」**という事実のほうが、もっと鮮烈に違いない。

実際、樋口美雄の論文「大学教育と所得分配」[19]によれば、1980年から1990年の調査によって、国立私立問わず「高偏差値の大学」に通う学生の親の所得は有意に高い。また、国立大学は入学金、学費ともに統一されているにもかかわらず、偏差値で分類して上位の国立大学の親の所得が中位以下の国立大学のそれに比べて有意に高い、という結果も出ている。これは、単に家計の所得の水準によって子供が大学進学できるかが決まるだけではないということを示している。樋口は「親の所得と子供の成績のあいだには何らかの関連があるとしか考えられない」と述べており、その原因の候補として次の二つを取り上げている。一つは親からの能力の遺伝であり、もう一つは書籍などに触れる機会が多いなどの家庭的要因である。後者のほうが原因としてありえそうだと樋口は述べている。

しかし、筆者はこのことに関して違う感触をもっている。社会的ステイタスの高い親をもつ子供は、六年一貫校に通う率が高く、それが大学受験に有利になり、結果として高学歴をもたらすのではないか、そのように思える。実際、東大入学者に占める六年一貫校卒業生の比率は常に高水準である。

では、六年一貫校に通う生徒が、受験で成功する理由はなんだろうか。それは、ただ単に幼少から優秀な学生が集まり、その持ち前の優秀さゆえそのまま東大に合格していく、というだけの単純な仕組みではなかろう。ひとことでいうと、**「情報とネットワーク」**のたまものということなのだ。

大学受験で成果を収めるには、優良な塾や良い参考書や受験科目の難易・出題傾向に関する情報が不可欠である。このような情報は、お金で買えるものではなく、いわゆる口コミによってしか知ることができないのが一般的である。六年一貫校の生徒たちは、この口コミ情報に日々接触できる。つまりこのような学校では、先輩から後輩へと情報が伝承されることになり、また中学入試のときに親たちが作ったネットワークが、その後も情報交換機能として有効に働くことになる。

六年一貫校と公立校の「住み分け」モデル

この「学校制度を通じた不平等の再生産」の問題を考えるとき、シェリングの人種住み分けのモデルは、重要なヒントを与えてくれるように思う。シェリングモデルでは、人びとのほんのわずかな選り好みが、顕著な住み分けの結果をもたらした。誰かが偶発的に移住したことで、バランスが崩れ、小さな差異が無視できない差異となり、その差異を解消する動きがまた別のところに差異を生み出す、という連鎖によって、しまいには大きな「自己組織化」が生じるのであった。学校制度にもこれと似た様相がないだろうか。

まず、経済成長によって、国民の経済は豊かになり、財・サービスに対する選択の幅が生まれる。

このとき、一部の親は六年一貫校の教育サービスを子供に与えるために所得を使うことを選択するようになる。そのような親は教育の価値を心得ているので、基本的には社会的ステイタスの高い人々である。このことは、社会に最初に小さな差異を作る。六年一貫校に社会的ステイタスの高い親の子供が通う傾向が若干高まり、公立校のそれは若干低まる。このことは、(シェリングのモデルと同じく)別の親に影響を与えるはずだ。公立校より六年一貫校を選択する親が以前よりは多くなることだろう。この傾向は「自己組織化」を生み出し、しだいに拍車がかかっていく。

そうこうするうち、公立校には、あまり教育に熱心でない親の子供、経済的に裕福とはいえない家庭の子供、勉強に向かない子供、家庭に何か不調和があるような子供が以前より目立つようになるだろう。また、さきほど述べたような六年一貫校だけに存在する「情報とネットワーク」が、「自己組織化」によってより機能性の高いものに育っていくことも無視できない。この相互作用によって、六年一貫校と公立校との「住み分け」が明確になるのではあるまいか。これは、まさに「社会ではエントロピーが減少する」ことを表しているといえよう。

第6章●「集合算」から協力ゲームへ——政治力学を読みとく思考

集合算とベン図

この章では、「集合算」を紹介しよう。集合算というのは、ある集まりをそのメンバーのもつ性質で分類し、その分類に重複がある場合のカウントの仕方を問うものである。これも、算数を卒業したあとでもたびたびお目にかかる分野だ。高校入試や大学入試ばかりではなく、社会人になるときに受ける公務員試験や入社試験（ＳＰＩ）などでも常連の問題なのである。

具体的には次のような問題が典型的なものだ。

> **問題1**
> 38人に2問のテストをした結果、1問目ができたのは18人、2問目ができたのは26人、2問ともできなかったのは6人でした。両方できたのは何人ですか。
> （04東洋英和女学院）

問題2

36人の生徒に球技大会の希望をとったところ、バスケットボールが13人、バレーボールが11人、サッカーが18人でした。また、3種目とも希望した生徒は3人、1種目だけ希望した生徒は25人いました。どの種目も希望しなかったのは何人ですか。

（04渋谷教育学園渋谷）

問題3

1から200までの整数について、次の整数の個数を求めなさい。

①3または5で割り切れる整数

②2または3または5で割り切れる整数

（05立教新座　一部略）

このような問題を解くコツは、重なりを用心深く排除する、ということだ。そのためには、集合を図で表す「ベン図」というものを有効利用するとよい。

ベン図というのは、全体集合を四角で囲み、その内部に注目する集合を丸で囲んで表す。複数の集合に共通のメンバーがある場合、それを丸どうしの重なりとして表現する。

問題1について具体的にいうと、Aが1問目のできた人の集まり、Bが2問目のできた人の集まりを表す。重要なのは、この集まりに重なりがあり、「両方できた人」が存在するため、AとBを重ねて描かなければならない、という点だ。AとBの重なった部分が領域Dであり、このDが集合の「のりしろ」の役割を果たす。領域Cは1問目だけできた人、領域Eは2問目だけできた人の集まりである（図6―1）。

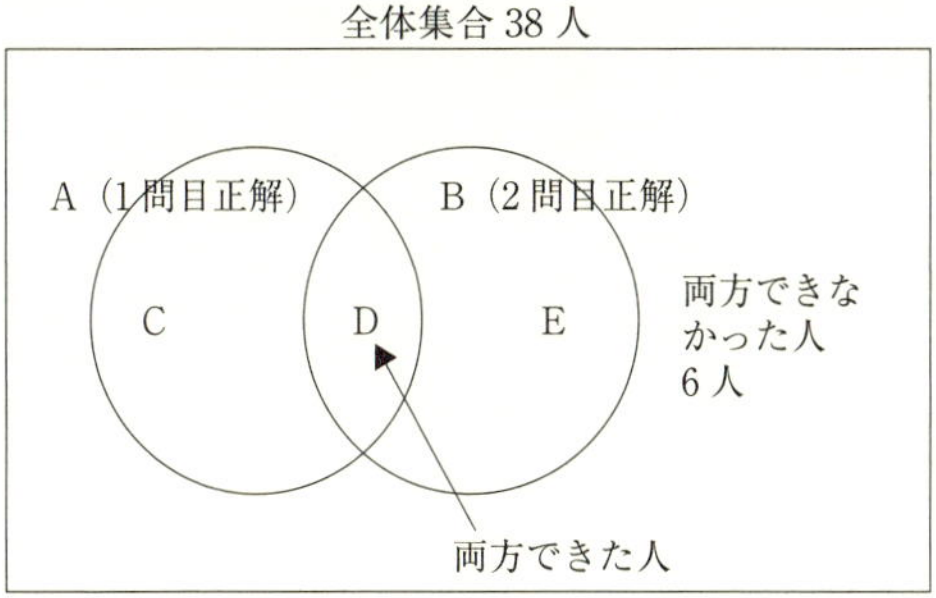

図6―1

問題文では全体の人数が38人、2問ともできなかった人が6人だから、「1問目だけ（C）または2問目だけ（E）または両方できた人（D）」は38－6＝32人とわかる。ここで勘違いしないようにしなくてはならないのは、これが「Aの人数」＋「Bの人数」とは一致しない、ということだ。のりしろを忘れてはいけない。この計算では、のりしろにあたるDの部分を二重に加えてしまっている。「1問目だけまたは2問目だけまたは両方できた人32人」を計算するには、のりしろにあたるDの部分を1回だけ引き算しなければならないのである。つまり、正しくは、

「1問目だけまたは2問目だけまたは両方できた人」＝「AとBの少なくとも一方には入る人の数」＝「Cの人数」＋「Dの人数」＋「Eの人数」＝「Aの人数」＋「Bの人数」－「Dの人数」

……①

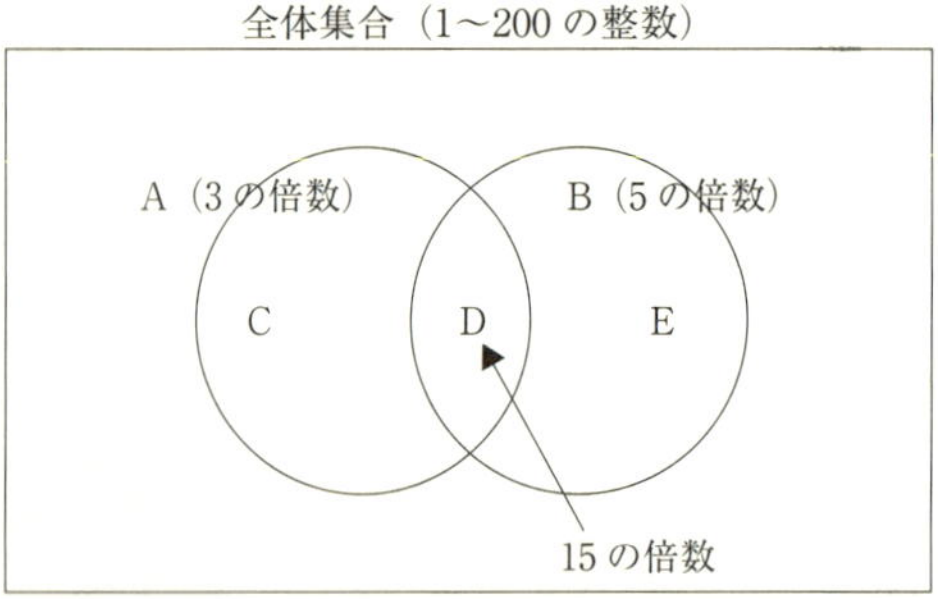

図6―2

となる。ここで問題文から、Aは18人、Bは26人と与えられているから、

32＝18＋26－「Dの人数」

したがって、「Dの人数」＝18＋26－32＝12人と求められる。

①の等式の2番目と最後だけを取り出した次の式が、集合算にとって基本的なものである。

「AとBの少なくとも一方には入る人数」＝「Aの人数」＋「Bの人数」－「AとB両方に入る人数」　……②

この公式は、**「集合が2つの場合の包除原理」**と呼ばれる。包除原理というのは、「入れたり排除したりする原理」という意味であり、右記でわかるように、**重複を用心深く排除するために足したり引いたり**、という計算が現れるのである。

問題3の①も、今の問題とまったく同じタイプといえる。どうしてだろうか。それは、解けばわかる。

ベン図は図6―2の通りだ。Aが3の倍数の集まり、Bが5の倍数の集まりを表す。ここで、のりしろDが「3の倍数であり、5の倍数でもある整数」の集まりだということに注意しよう。3と5の両方で割り切れるということは15の倍数ということだから、Dは15の倍数の集まりということになる。
1~200にnの倍数がいくつあるかを求めるには、200をnで割って（余りは切り捨て）商を求めればいいので、

Aの個数＝200÷3の商＝66

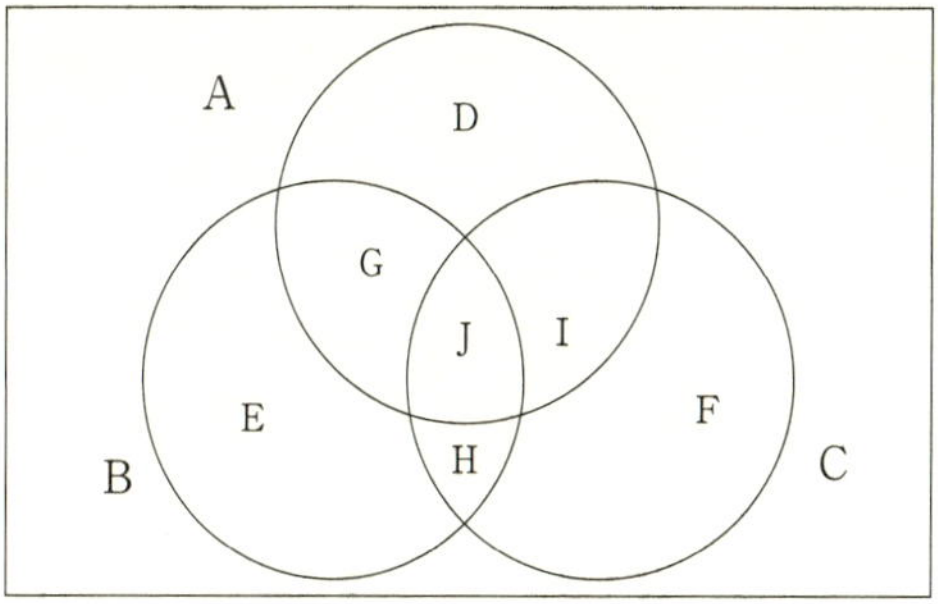

図6―3

Bの個数＝200÷5の商＝40

Dの個数＝200÷15の商＝13

である。ここで「集合が2つの場合の包除原理」の式（②式）を用いると、

「1~200までの整数で3または5で割り切れるものの個数」
＝「AとBの少なくとも一方には入る整数の個数」＝「Aの個数」
＋「Bの個数」－「Dの個数」＝66＋40－13＝93個

が答えになる。

集合が3つの場合の包除原理

以上でおおよそ包除原理の要領はわかっていただけたと思う。問題2や問題3の②も同じように解けばいいのだが、集合が3つになると、包除原理はかなり複雑になるのが玉にきずだ。

ベン図からわかるように、2つのグループが重なる部分と3つのグループが重なる部分ができる。

3つのグループをA、B、Cとすると、2つのグループだけの重なりとなるのがGとHとIで、3つすべてのグループの重なりとなるのがJだ（図6—3）。

ここで、前節と同じように、「AとBとCのどれか少なくとも1つには入るメンバー」の個数を計算する公式を編み出すこととしよう。つまり、（重なりのない）D、E、F、G、H、I、Jそれぞれに入っているメンバー数を全部合計した数を算出する式を求めればいいわけだ。

まず、単純に「Aの個数」+「Bの個数」+「Cの個数」を計算するとどうなるか見てみることにしよう。

のりしろの部分を重複してカウントしていることに注意しよう。

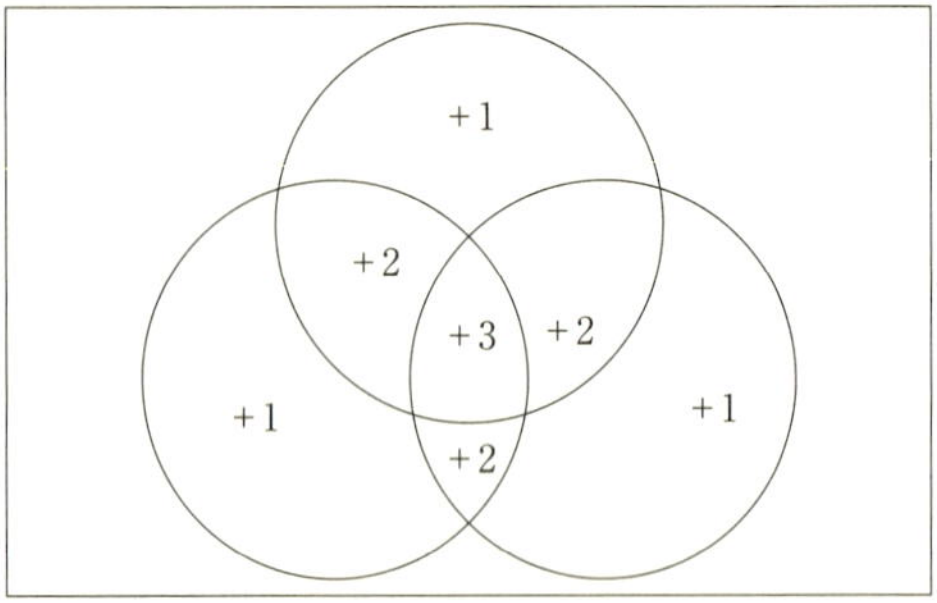

図6—4

具体的にはGとHとIのメンバーは2回ずつカウントされ、Jのメンバーは3回カウントされてしまっている（図6—4）。

そこで、今の和から「AとB両方に入る個数」と「BとC両方に入る個数」と「AとC両方に入る個数」を1回ずつ引き算して、調整することにしよう。

「Aの個数」+「Bの個数」+「Cの個数」−「AとB両方に入る個数」−「BとC両方に入る個数」−
「AとC両方に入る個数」
を計算してみる。

図6—5でわかるように、GとHとIの部分のメンバーについてはうまく1回分だけを残すことができたが、Jの部分については引き過ぎてしまって、メンバーが完全に除外されてしまった。そこで最後に、「AとBとCすべてに入る個数」というのを1個分加えれば、ほしかった公式が得られるわけである。つまり、

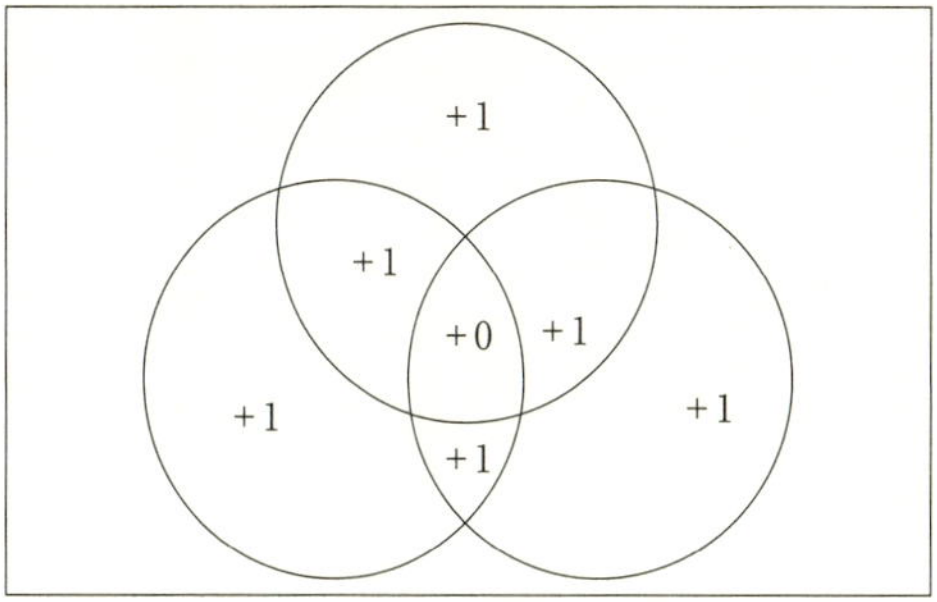

図6—5

「AとBとCのどれか少なくとも1つには入るメンバーの個数」
=「Aの個数」+「Bの個数」+「Cの個数」−「AとB両方に入る個数」−「BとC両方に入る個数」−「AとC両方に入る個数」+
「AとBとCすべてに入る個数」　……③

これが、**「集合が3つの場合の包除原理」**の式となる。

この式を見て感じられたことと思うが、集合算を解くためのこの包除原理は、算数のプリミティブな発想からは逸脱して、数学の普遍的操作性のほうに足を踏み入れたものだといえる。この方法論を、最後の章に置いたのは、そのような理由からだ（もう一

つの理由は、あとがきに書いた）。

包除原理の応用

では、これを使って先に問題3の②を解いてしまおう。

集合A、B、Cをそれぞれ2の倍数、3の倍数、5の倍数の集合と置く。「2または3または5で割り切れる数の個数」というのは、「AとBとCのどれか少なくとも1つには入るメンバーの個数」というのと同じだ。したがって、包除原理を直接使うことができる。

「Aの個数」＝200÷2の商＝100
「Bの個数」＝200÷3の商＝66
「Cの個数」＝200÷5の商＝40
「AとB両方に入る個数」＝「6の倍数の個数」＝200÷6の商＝33個
「BとC両方に入る個数」＝「15の倍数の個数」＝200÷15の商＝13個
「AとC両方に入る個数」＝「10の倍数の個数」＝200÷10の商＝20個
「AとBとCすべてに入る個数」＝「30の倍数の個数」＝200÷30の商＝6個

したがって、「集合が3つの場合の包除原理」（③式）により、
「AとBとCのどれか少なくとも1つに入るメンバーの個数」＝100＋66＋40－33－13－20＋6
＝146個

集合A、B、Cをそれぞれバスケットボール、バレーボール、サッカーの希望者の集まりとしよう。問題文から、(Aの個数)=13,(Bの個数)=11,(Cの個数)=18,(AとBとCすべてに入る個数)=3とすぐにわかる。難しいのは、「1種だけ希望した生徒が25人」という条件の使い方だ。この人数は、図6—3のDとEとFのメンバー数を加えたものである。したがって、図6—4を考えれば、

(Aの個数)+(Bの個数)+(Cの個数)−(A, B, Cのどれか1つだけに入る個数〈=D+E+Fの個数〉)
=(G+H+Iの個数の合計)×2+(Jの個数)×3
=(AとB両方に入る個数)×2+(BとC両方に入る個数)×2+(AとC両方に入る個数)×2−(AとBとCすべてに入る個数)×3

したがって、

13+11+18−25 =(AとB両方に入る個数)×2+(BとC両方に入る個数)×2+(AとC両方に入る個数)×2−9

これから、

(AとB両方に入る個数)+(BとC両方に入る個数)+(AとC両方に入る個数)=(13+11+18−25+9)÷2=13

とわかる。そこで、「集合が3つの場合の包除原理」から

(AとBとCのどれか少なくとも1つには入るメンバーの個数) =(Aの個数)+(Bの個数)+(Cの個数)−(AとB両方に入る個数)−(BとC両方に入る個数)−(AとC両方に入る個数)+(AとBとCすべてに入る個数)
= 13+11+18−13+3=32

つまり、「どれかの種目を希望している生徒」は32人とわかったので「どの種目も希望しなかった生徒」は**36−32=4人**とわかる。

図6—6

が答えとなる。

最後に問題2だが、これは直接に包除原理の式をあてはめられないので、かなりめんどうである。読者から、こんな問題が解けることがいったい何の役に立つのだ、という声も聞こえてきそうである。まったくその通り、偏差値の高い中学に合格することにしか役に立たない、といっても過言ではない。偏差値の高い中学に入ることが(たとえば187ページのような理由で)有益だと考えるのなら、この問題を解けることが何かの役に立つわけだし、人生はそんなことで決まらないというなら、何の役にも立たない、というのが正解だろう。しかし、「いりくんでいるかどうか」だけで、有益性の判断を下すのは、多少勇み足だと筆者はいいたい。**問題は、その発想のなかに、先端の科学として活かされるものが入っているか、人生を豊かにするものの考え方があるかどうかだろう。**本章では、集合算の発想が、実は先端の科学とみごとにつながっているのだ、ということをおいい紹介していくので、投げずに読みつないでいってほしいと思う。解答は図6—6にある。

約数倍数のおもしろい法則

包除原理の有益さは、それが単なる集合算の解法にとどまらないところにある。以下それを順を追ってあきらかにしていこう。手始めは約数倍数についてのおもしろい法則である。

自然数をインプットすると何かの規則で計算を実行してアウトプットする機能fを考えよう。これは中学以降の数学で「関数」と呼ばれるものである。この関数fを1つ固定し、kをインプットした結果、計算されてアウトプットされてくる値をf(k)と書く。f(k)の例としては、単なる1次関数f(k)＝2k のようなものもある。これはインプットされたものを2倍にしてアウトプットする働きをする。1を入れれば2が出てきて、7を入れれば14が出てくる。記号で書くとf(1)＝2, f(7)＝14などとなる。

すこし凝ったものとしては、f(k)を「k以下でkと互いに素な自然数の個数」とするようなものでもいい。ここで「kと互いに素な自然数」というのは第2章にも出てきたように、kとの公約数が1に限られるような数のことである。たとえば、この関数fに8をインプットすると、8と互いに素な自然数が1、3、5、7の4個であるから、4がアウトプットされる。つまり、f(8)＝4である（この関数は、ちょっとあとで主役を張ることになる）。

このような任意の機能fから、次のようにして、別の関数g(n)を生み出すことにしよう。すなわち、nがインプットされたら、nの約数おのおのをfにインプットし、アウトプットしてきた数をすべて合計するのである。きちんと書けば、

g(n)＝nのすべての約数kについてf(k)を加え合わせたもの　……（☆）

となる。複雑なので、例をあげよう。たとえば、n＝3の場合、3の約数は1と3なので、それらのfによる計算値の和f(1)＋f(3)がg(3)となる。また、n＝6の場合は、約数が1、2、3、6なので、g(6)はf(1)＋f(2)＋f(3)＋f(6)となる。

nとして1から12までの自然数を取って、g(n)を具体的に作り出したものが図6―7である。

$$g(1)=f(1) \qquad g(2)=f(1)+f(2)$$
$$g(3)=f(1)+f(3) \qquad g(4)=f(1)+f(2)+f(4)$$
$$g(5)=f(1)+f(5) \qquad g(6)=f(1)+f(2)+f(3)+f(6)$$
$$g(7)=f(1)+f(7) \qquad g(8)=f(1)+f(2)+f(4)+f(8)$$
$$g(9)=f(1)+f(3)+f(9)$$
$$g(10)=f(1)+f(2)+f(5)+f(10)$$
$$g(11)=f(1)+f(11)$$
$$g(12)=f(1)+f(2)+f(3)+f(4)+f(6)+f(12)$$

図6―7

ここで考えたい問題は、fからgを計算するシステムが与えられているとき、どうすればこれらgからfを逆算する式が得られるか、ということだ。読者のみなさんのうち機転の利く方は、四の五のいわずに、次のような具体的な計算を実行していくかもしれない。もし、そうしようと思い立ったなら、あなたはなかなかの才能なので、これから数学の道を目指す手もあるだろう。

まず、1番目の左辺右辺を入れ替えれば、

$$f(1)=g(1)$$

が得られる。次に、2番目の式から$f(2)=g(2)-f(1)$であるが、今の式を代入すれば、$f(2)=g(2)-g(1)$となり、

$$f(2)=-g(1)+g(2)$$

が得られる。同じく、3番目の式から、

$$f(3)=g(3)-f(1)=-g(1)+g(3)$$

となる。さらに、4番目の式を変形して、今までの結果を代入すれば、

$$f(4)=g(4)-f(1)-f(2)=g(4)-g(1)-\{-g(1)+g(2)\}=$$

$$-g(2)+g(4)$$

と得られる。このように小さいnから順次計算していくことで、すべてを手にすることができると直感するはずだ。それを図6—8に列挙した。

このように、どの$f(k)$に関しても逆算公式が確かに得られた。

具体的にやってみただけだが、この方式でずっと逆算公式が得られていくことは確かだと感じられることだろう。

$$
\begin{aligned}
f(1) &= g(1)\\
f(2) &= -g(1)+g(2)\\
f(3) &= -g(1)+g(3)\\
f(4) &= -g(2)+g(4)\\
f(5) &= -g(1)+g(5)\\
f(6) &= g(1)-g(2)-g(3)+g(6)\\
f(7) &= -g(1)+g(7)\\
f(8) &= -g(4)+g(8)\\
f(9) &= -g(3)+g(9)\\
f(10) &= g(1)-g(2)-g(5)+g(10)\\
f(11) &= -g(1)+g(11)\\
f(12) &= g(2)-g(4)-g(6)+g(12)
\end{aligned}
$$

図6—8

数学者メビウスの発見

いま、fをgから逆算することが可能であろうことはわかった。しかし、図6—8の逆算式を眺めていると、もっと多くのことがわかってくる。

たとえば、$f(n)$を計算する式で、gにインプットする数にはnの約数しか登場しないようだ、ということが見抜けるだろう。さらには、どうもあいだに入るのは足し算か引き算であって、（連立方程式を解くときのように）2倍や3倍などの係数が登場することはないような予感もする。実際、このことはどちらも正しい。メビウスという数学者は、19世紀にこのことを発見したのだ。メビウスは例の、りぼんを1回ねじってから貼り付けてリングを作るとできる「メビウスの帯」で有名な数学者なので、もはやおなじみだろう。メビウスが発見した公式は次のものである。

【メビウスの反転公式】

gがfによって、(☆)のように与えられているとき、fをgから逆算する式は次のようになる。

$f(n)$ = nのすべての約数dにわたり$g(d)$に+1か−1か0を掛けて足し合わせたもの。

各$g(d)$に+1、−1、0のどれを掛ければいいのかは、dに依存して決まっている。つまりdをインプットする関数ということである(約数dを与えたときに、この+1、−1、0を決めるような関数は、メビウス関数と呼ばれている)。

オイラー関数をつきとめる

整数の性質を研究する分野で、整数論というのがある。そこで有名なのが**オイラー関数**と呼ばれるものだ。オイラーというのは、18世紀に活躍した天才数学者の名前で、この人が研究したのでこの名がついている。

オイラー関数とは、**「n以下の数でnと互いに素なものが何個あるか」**を求めるものだ。いま、このオイラー関数をf(k)としてみよう。199ページで出てきたものだ。たとえば、k＝3の場合は、3以下で3と互いに素な数は1と2の2個であるから、f(3)＝2となる。また、k＝8の場合は、8以下で8と互いに素なものが1、3、5、7であるからf(8)＝4となる。

この関数は、非常に不規則なアウトプットになることで有名である。試しに1から12までをfにインプットして、アウトプットしてきた数を並べてみよう。それは、

$f(1)=1, f(2)=1, f(3)=2, f(4)=2, f(5)=4, f(6)=2,$
$f(7)=6, f(8)=4, f(9)=6, f(10)=4, f(11)=10, f(12)=4$

となる。読者もここに何の規則性も見出せないことと思う。

ところが、この関数の正体をメビウス反転公式によってあばくことができるのである。そのためにまず、次の美しい性質を知っておく必要がある。

【オイラー関数の性質】
nのすべての約数dにわたってf(d)を加え合わせると必ずnに戻る。

なぜそうなるかに興味がある人には、専門の本を読んでもらうことにして（たとえば、芹沢正三『素数入門』[20]に平易な説明がある）、nを1から12まで動かして、この事実を確かめておく。計算はさ

$$
\begin{aligned}
&f(1)=1\\
&f(1)+f(2)=1+1=2\\
&f(1)+f(3)=1+2=3\\
&f(1)+f(2)+f(4)=1+1+2=4\\
&f(1)+f(5)=1+4=5\\
&f(1)+f(2)+f(3)+f(6)=1+1+2+2=6\\
&f(1)+f(7)=1+6=7\\
&f(1)+f(2)+f(4)+f(8)=1+1+2+4=8\\
&f(1)+f(3)+f(9)=1+2+6=9\\
&f(1)+f(2)+f(5)+f(10)=1+1+4+4=10\\
&f(1)+f(11)=1+10=11\\
&f(1)+f(2)+f(3)+f(4)+f(6)+f(12)=1+1+2+2+2+4=12
\end{aligned}
$$

図6—9

っきの結果n＝1から12の結果を使えば簡単だ。足し合わせによって1から12までの数が順にできあがっていくことを確認してほしい（図6—9）。

つまり、（☆）の規則で作ったg(n)はいつもnそのものとなるのである。この式を図6—8でやったように逆に解いていけば（それがメビウス反転の公式だったわけだが）、何の規則性も見られなかったオイラー関数f(n)を、nの約数のいくつかにうまくプラスとマイナスをつけただけの和で表現できてしまうのだ。それを書いたのが図6—10である（各係数±1または0はメビウス関数として簡単な規則から計算されるので、これはオイラー関数が完全に特定されたことを意味している）。

$$f(1)=1$$
$$f(2)=-g(1)+g(2)=-1+2$$
$$f(3)=-g(1)+g(3)=-1+3$$
$$f(4)=-g(2)+g(4)=-2+4$$
$$f(5)=-g(1)+g(5)=-1+5$$
$$f(6)=g(1)-g(2)-g(3)+g(6)=1-2-3+6$$
$$f(7)=-g(1)+g(7)=-1+7$$
$$f(8)=-g(4)+g(8)=-4+8$$
$$f(9)=-g(3)+g(9)=-3+9$$
$$f(10)=g(1)-g(2)-g(5)+g(10)=1-2-5+10$$
$$f(11)=-g(1)+g(11)=-1+11$$
$$f(12)=g(2)-g(4)-g(6)+g(12)=2-4-6+12$$

図6—10

包除原理とメビウス反転公式は統一的に理解できる

さて、約数による計算（☆）のメビウス反転公式（図6—8）と最初に紹介した包除原理が似たような式であることに気づいている読者がいるかもしれない。そう。実は、**包除原理もメビウス反転公式の一種なのである。**

集合が2つの場合の包除原理で説明することにしよう。

いま、集合AとBがあるとしよう。このとき、これに対応して3つの文字A、B、ABを作る。そしてこれらの文字をインプットする関数を2種類作ることとしよう。最初の関数fは、Aを入力すると「Aだけに入っているメンバーの個数」をアウトプットし、Bを入力すると「Bだけに入っているメンバーの個数」をアウトプットし、ABを入力すると「AとB両方（だけ）

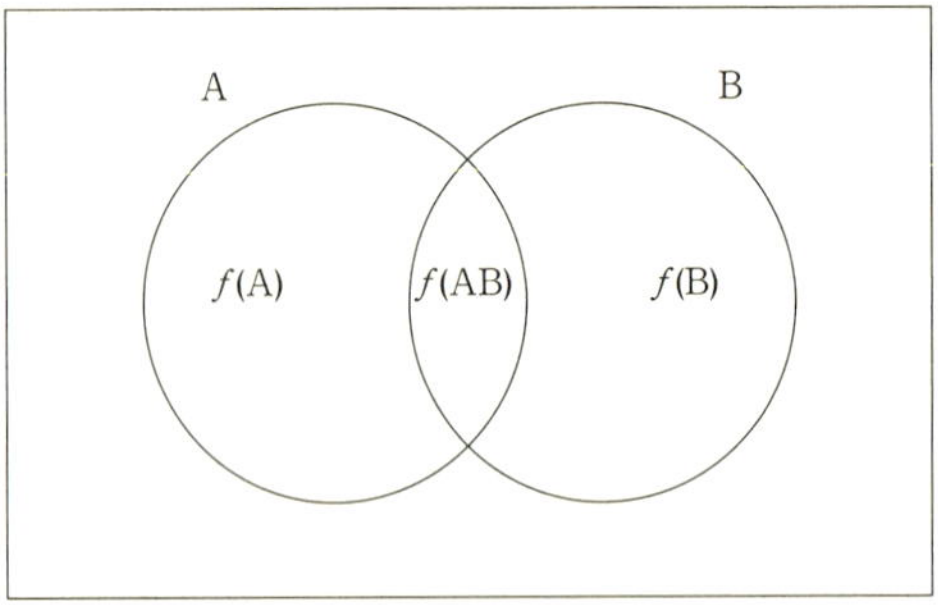

図6―11

に入っているメンバーの個数」をアウトプットするような関数である（図6―11）。

他方、関数gは、Aを入力すると「少なくともAに入っているメンバーの個数」をアウトプットし、Bを入力すると「少なくともBに入っているメンバーの個数」をアウトプットし、ABを入力すると「（少なくとも）AとB両方に入っているメンバーの個数」をアウトプットするような関数である。このfとgのあいだにはあきらかに次の関係があることがわかる。

$$g(AB)=f(AB),\ g(A)=f(A)+f(AB),\ g(B)=f(B)+f(AB)$$

これを利用して、メビウス反転公式の要領で、gからfを逆算する式を作ると、

$$f(AB)=g(AB),\ f(A)=-g(AB)+g(A),\ f(B)=-g(AB)+g(B)$$

となる。ところで、包除原理で計算しようとしている「AとBの少なくとも一方には入る個数」は、$f(AB)+f(A)+f(B)$のことであるから、右記のgでの逆算式を代入し、

「AとBの少なくとも一方には入る人数」$=-g(AB)+g(A)+g(B)$

と計算できる。gの定義から、これは192ページの「集合が2つの場合の包除原理」の式（②

式)、「AとBの少なくとも一方に入る人数」=「Aの人数」+「Bの人数」-「AとB両方に入る人数」を意味している。つまり、包除原理が別の方法で求められたわけである(集合が3つの場合の包除原理も同じように導ける)。

主従関係があれば、メビウス反転はできる

実は、メビウス反転公式は、「順序構造」というものをもっている対象なら、どんなものに対しても成立することが知られている。ここでいう「順序構造」**というのは、対象の一部に関して「主従関係」が定義されているようなものである。**

たとえば、自然数のあいだに「aはbの約数である」という関係がある場合、「bはaの主である」と定義するとしよう。このとき、「6は2の主である」とか「8は3の主でない」とか「任意の数は1の主である」とかが成立する。このような「主従関係」が定義された対象に対して、次の性質が成り立つ場合、その対象は「順序構造」をもつといわれる。

【推移律】 cがbの主であり、bがaの主ならば、cはaの主である。

ここで、自然数の主従関係をさっきのように約数倍数から定義すれば、それは推移律を満たすので、順序構造になる。

順序構造をもつ対象は、ほかにもさまざまに存在している。たとえば、商品について「aよりbのほうを好む」ことを「bはaの主」のように定義することができる。これは、経済学で標準的に使われる考え方である。また、「政治体制aより政治体制bを支持する」ことを「bはaの主」と定義して民主主義的な選択についての話を展開することも一つの分野を形成している（詳しくは拙著『文系のための数学教室』[21]参照）。さらには、集合がAとBの場合についてのさきほどの記号で、「AはABの主」「BはABの主」などと定義しても、順序構造を導入することができるのだ。

このような順序構造をもった対象に対して、関数fとgを$g(x) = x$が主であるようなすべてのyについて$f(y)$を加え合わせたものという関係を作ろう。実は、そうすると、これらから必ず、fをgから逆算する公式が作れるのである。これが**「一般化されたメビウス反転公式」**である（ただし一般化された公式では、係数は+1、−1、0だけとはいえず、いろいろな整数値が出てくる）。

したがって、集合のメンバーの個数に関する包除原理も、この「順序構造」からのメビウス反転公式だと理解することができる。

以上で、順序構造をもつ対象に対するメビウス反転公式の一般化された包除原理としての紹介が完了した。メビウス反転公式を作る手続きを振り返っていただけばわかるように、これは連立方程式を解く作業に似ている。したがって、算数の発想の発展形でありながら、数学の普遍的操作性にも足を踏み入れているのである。とはいっても、メビウス反転公式を作る作業は順位が下の式から順次反転させていけばよいので、連立方程式を解くよりはずっと簡単な作業だといえる。

相乗りタクシー料金の支払い分担

では、いよいよ、メビウス反転公式の社会科学への応用へ移ろう。

提携して共同事業をすると、個別の事業をするよりも費用負担が少なくて済むことが一般的である。たとえば、A市とB市が個別に水道網を整備するより、共同して2つの市全体にわたる水道網を作るほうがあきらかに低コストで済む。問題になるのは、費用を両市のあいだでどう分担すべきか、ということだ。この種の「公共費用の分配」は社会でよく見られる問題で、政治にまつわる話だといっていいだろう。

このようなことを考える分野は、**「協力ゲーム」**と呼ばれる。これはゲーム理論のなかの一分野であり、数学者ジョン・フォン・ノイマンと経済学者オスカー・モルゲンシュテルンの本『ゲーム理論と経済行動』から研究が始まった。現在では、経済学はもちろん、経営学、政治学、社会学、生物学、心理学、工学などさまざまな分野に応用されているような花形分野である。

協力ゲームとは、プレーヤーのあいだの全員ないし部分的な提携で利益が発生するとき、どのような場合に全員提携が可能になるか、そして、そのときの利益の分配はどうあるのが妥当かを分析するものである。

卑近な例として、タクシー相乗りの問題を考えることにしよう。[22]

いま、同じ方向にタクシーで帰宅するAさんとBさんがいて、タクシー代金はAさん1人で乗ると2000円、Bさん1人で乗ると2400円である。ところが相乗りすると3000円で済むとする。このとき、2人が提携すれば共同利益が発生することがわかるだろう。AとBが別々にタクシーを使うと合わせて2000+2400=4400円のタクシー代がかかるが、相乗りなら3000円で済むので、4400−3000=1400円の利益が出る。したがって、二人には「相乗り」という提携をする動機づけが生じるだろう。問題は、提携が成立するためにはどのような費用分担にしたらいいか、ということだ。

これを協力ゲームの形式に書き換えるには、以下のようにすればいい。Aさん1人でタクシーに乗るときのAさんの利益を関数値$g(A)$と書こう。同様に、Bさん1人でタクシーに乗るときのBさんの利益は$g(B)$である。また、AさんとBさんが提携をしてタクシーに相乗りしたときの共同利益を$g(A, B)$と書こう（協力ゲームの専門書では、記号$v(\ )$が使われるが、本書では説明の都合上$g(\ )$を使うことにする）。このとき、それぞれの関数の値は、

$g(A)=0,\ g(B)=0,\ g(A, B)=1400$　……（協力ゲームその1）

となる。このようにプレーヤーたちのすべての提携に対して利益を$g(\ )$という形で数値化すれば、協力ゲームが1つ定義されることとなるのである。

協力ゲームが与えられたとき、「全員の提携によって得られる利益を整合的に各メンバーに配分

する」方法を「ゲームの解」という。協力ゲームではいろいろな「解」が考え出されていて、それぞれに特有の整合性をもっている。本書では、そのなかでロイド・S・シャプレーという人の考案したシャプレー値という考え方を紹介することにしよう。シャプレー値とは、シャプレーの提唱した解であって、**各プレーヤーの参与の仕方に応じた公平さで分配される利益**のことである。

さきほどの「協力ゲームその1」には、どのような解を考えるべきだろうか。きっと読者の大部分は、提携して生まれる利益1400円を半々で山分けすべき、と考えるに違いない。そう、それが実際にシャプレー値となる。そして、「Aさんは700円を得るべきだから2000－700＝1300円をタクシー代として支払い、Bさんも700円を得るべきだから2400－700＝1700円を支払う」のが、シャプレー値によるタクシー相乗り問題の解となるわけである。

3人相乗り問題の場合

では、Aさん、Bさん、Cさんの3人がタクシーの相乗りをした場合の協力ゲームをどう考えたらいいだろうか。

たとえば、A、B、Cそれぞれがタクシーを単独で利用した場合、それぞれ1400円、2000円、1600円かかるとする。次にAとBが相乗りすると2500円、AとCだと2400円、BとCだと3000円かかるとする。最後に、3人で乗ると3800円である。3人で提携が成立し相乗りをするためには、どういう費用負担が妥当になるのだろうか。

まず、この構造を協力ゲームの形式に書き換えよう。相乗りという提携で生まれる利益を計算していくと、

$g(\mathrm{A})=0\quad g(\mathrm{B})=0\quad g(\mathrm{C})=0$

$g(\mathrm{A},\mathrm{B})=1400+2000-2500=900$

$g(\mathrm{A},\mathrm{C})=1400+1600-2400=600$

$g(\mathrm{B},\mathrm{C})=2000+1600-3000=600$

$g(\mathrm{A},\mathrm{B},\mathrm{C})=1400+2000+1600-3800=1200$　……(協力ゲームその2)

となる。

　このゲームに関して、3人のプレーヤーそれぞれの得られる利益であるシャプレー値は、どんな分配になるかを考えてみよう。

　まずさきに解説した2人相乗りの場合のからくりを見直してみる。結局2人提携で得られる利益$g(\mathrm{A},\mathrm{B})=1400$を2人で山分けしたわけだが、「これは1人だと利益0であるが、2人提携によって初めて利益が生じるので、その増加分を山分けしている」と解釈できる。この理屈を3人に対して拡張すればいいのである。

　しかし3人の場合は、1人から2人になった場合に利益が生じ、また2人から3人になったときも利益が生じる。さらに、AとBにCが加わって3人提携ができあがる場合とか、BとCにAが加わって3人提携ができあがる場合とか、いろいろなケースであきらかに利益の増え方が異なる。こ

$$g(\mathrm{A})=f(\mathrm{A})\quad g(\mathrm{B})=f(\mathrm{B})\quad g(\mathrm{C})=f(\mathrm{C})$$
$$g(\mathrm{A,B})=f(\mathrm{A})+f(\mathrm{B})+f(\mathrm{A,B})$$
$$g(\mathrm{A,C})=f(\mathrm{A})+f(\mathrm{C})+f(\mathrm{A,C})$$
$$g(\mathrm{B,C})=f(\mathrm{B})+f(\mathrm{C})+f(\mathrm{B,C})$$
$$g(\mathrm{A,B,C})=f(\mathrm{A})+f(\mathrm{B})+f(\mathrm{C})+f(\mathrm{A,B})+f(\mathrm{A,C})+f(\mathrm{B,C})+f(\mathrm{A,B,C})$$

図6—12

のようにさまざまな利益の増加をどう処理していけばいいかが問題となるだろう。したがって、3人提携に関しては、BとCが同時に最後に加わるときの貢献分とか、AとCが最後に加わるときの貢献分とか、そういう部分的な「追加」の各効果を数値化するのが望ましい。それらを$f(\mathrm{B,C})$, $f(\mathrm{A,C})$などfの関数記号を使って書くことにする。図6—12の式を眺めてみよう。

これらの式のフィーリングを説明しよう。まず一行目は、プレーヤーが1人の場合は部分値fの値と利益gの値は一致していることを示す。次に二〜四行目では、AとB、AとC、BとCの2人の提携が成立した場合には、共同の利益として部分値$f(\mathrm{A,B})$, $f(\mathrm{A,C})$, $f(\mathrm{B,C})$という値が加わることになる（2人相乗りの場合はこれを山分けすればよかった）。さて、五番目の行、3人提携の場合はどうだろうか。ここに現れる$f(\mathrm{A,B,C})$は、2人ずつの部分値$f(\mathrm{A,B})$, $f(\mathrm{A,C})$, $f(\mathrm{B,C})$を加え合わせたあとに、3人が提携できたことで固有に発生する利益の調整分として加える部分値だと理解しよう。つまり、3人がどんな順序で提携を形成していったかということと独立に、固有に加わる利益のようなものである（この説明ではいまいちピンとこないかもしれないが、このfを使った利益の分配の整合性はあとできちんと解説するので、とりあえず読み進んでほしい）。

さて、このようなfのすべての値が仮に求められたとして、各プレーヤーの得る利益（あるいは支払うタクシー代）はどうあるべきか。次のようにするのが自然だろう。

f(A, B)をAとBで山分けするのは、2人相乗りの場合と同様である。f(A, C)でもAとCで、f(B, C)でもBとCで山分けするのは同じである。最後に、f(A, B, C)は、それまでの提携の経緯に無関係に、3人で提携できたことによる効果を調整するための部分値だから、3人で山分けするのは当然だといえる。したがって、この「協力ゲームその2」の各プレーヤーのシャプレー値（得るべき利益）は各人の参加している部分値を均等割りして合計したものであるべきで、すなわち、

Aのシャプレー値＝f(A)＋f(A, B)÷2＋f(A, C)÷2＋f(A, B, C)÷3　……①
Bのシャプレー値＝f(B)＋f(A, B)÷2＋f(B, C)÷2＋f(A, B, C)÷3　……②
Cのシャプレー値＝f(C)＋f(A, C)÷2＋f(B, C)÷2＋f(A, B, C)÷3　……③

となるのが妥当だろう。

したがって、7個のfの値が決まれば、シャプレーの解は具体的に計算できることとなる。

メビウス反転公式が現れる！

さて、3人タクシー相乗り問題で残る作業は、fの値7個を具体的に求めることである。では、もう一度図6―12をよく見てみよう。これが、本章で何度か見てきた「一般化されたメビウス反

$$f(\mathrm{A})=g(\mathrm{A})=0 \quad f(\mathrm{B})=g(\mathrm{B})=0 \quad f(\mathrm{C})=g(\mathrm{C})=0$$

$$f(\mathrm{A, B})=-f(\mathrm{A})-f(\mathrm{B})+g(\mathrm{A, B})=-g(\mathrm{A})-g(\mathrm{B})+g(\mathrm{A, B})=900$$

$$f(\mathrm{A, C})=-f(\mathrm{A})-f(\mathrm{C})+g(\mathrm{A, C})=-g(\mathrm{A})-g(\mathrm{C})+g(\mathrm{A, C})=600$$

$$f(\mathrm{B, C})=-f(\mathrm{B})-f(\mathrm{C})+g(\mathrm{B, C})=-g(\mathrm{B})-g(\mathrm{C})+g(\mathrm{B, C})=600$$

$$f(\mathrm{A, B, C})=-f(\mathrm{A})-f(\mathrm{B})-f(\mathrm{C})-f(\mathrm{A, B})-f(\mathrm{A, C})-f(\mathrm{B, C})+g(\mathrm{A, B, C})=-900-600-600+1200=-900$$

図6—13

転」の形式そのものになっていることが見てとれることだろう。だとすれば、順番に逆算公式を積み上げていくことで、gからfを逆算できるようになるはずである(実際、「(A、B)はAの主」とか、「(A、B、C)は(B、C)の主」とかで主従関係を定義すれば、これは順序構造になるので、「一般化されたメビウス反転公式」が使えるのである)。具体的な計算は図6—12と212ページの各項の値から導かれる。図6—13を眺めて理解してほしい。

これをさきほどの式①②③に代入すると、

Aのシャプレー値＝$f(\mathrm{A})+f(\mathrm{A, B})\div 2+f(\mathrm{A, C})\div 2+f(\mathrm{A, B, C})\div 3=0+450+300-300=450$

Bのシャプレー値＝$f(\mathrm{B})+f(\mathrm{A, B})\div 2+f(\mathrm{B, C})\div 2+f(\mathrm{A, B, C})\div 3=0+450+300-300=450$

Cのシャプレー値＝$f(\mathrm{C})+f(\mathrm{A, C})\div 2+f(\mathrm{B, C})\div 2+f(\mathrm{A, B, C})\div 3=0+300+300-300=300$

つまり、三人が提携してタクシーに相乗りして得られる利益1200円は、A、B、Cそれぞれに450円、

450円、300円で配分すべし、というのがシャプレー値による解になった。費用負担のほうでいえば、3800円のタクシー代をAが950円、Bが1550円、Cが1300円支払えばいい、ということになるわけである。

こんなところにまでメビウス反転が現れたことに、読者のみなさんも多少驚いたのではあるまいか。

シャプレー値の合理性とは

それでは、このようにシャプレー値を使って費用負担を決めることには、あるいは同じことだが、利益配分を決めることには、どんな整合性があるのだろうか。

実は、このような決め方は、かならず以下の性質をもっていることが示されるのだ。

> **【性質1】** 各人のシャプレー値を全員分合計すると、全員が提携したときの利益になる。

これは、さきほどの例でいうと、A、B、C3人のシャプレー値を合計すると3人提携の利益g(A, B, C)に一致することに対応する。このことは①式と②式と③式を加え合わせると図6—12の最後の式になることから、成立するのは当然だとわかるだろう。

第二の性質は次である。

【性質2】 ある2人のメンバーxさんとyさんについて、2人のいないどの集団Sに対しても、Sにxだけが加わった提携で得られる利益とSにyだけが加わって得られる利益が一致するとき、xさんとyさんを対称なプレーヤーと呼ぼう。この対称なプレーヤーのシャプレー値は必ず一致する。

さきほどのゲームの例でいうと、AさんとBさんが対称なプレーヤーにあたる。ほかの2人にAさんが加わることによる利益（g(A, B, C) − g(B, C) = 600）と、Bさんが加わることによる利益（g(A, B, C) − g(A, C) = 600）が等しいからだ。また同様のことは、Cさんだけの集団にAさんだけ、またはBさんだけが加わることによる利益が等しいこと（ともに600円）でも確認できる。そして、実際、Aさんのシャプレー値とBさんのシャプレー値は一致している。この性質は、メビウス反転を計算しているときに、AさんとBさんにいつも対称な計算が実行されることから推理できるだろう。

第3の性質は次。

【性質3】 あるメンバーxが、どの集団Sに加わって提携しても、それで得られる利益がSだけの提携のときに得られる利益と何ら変わらないとき、xを孤立したプレーヤーと呼ぼう。このとき、孤立プレーヤーのシャプレー値は0である。

これは、さきほどの例では、孤立プレーヤーが存在しないのでわかりにくいと思う。この例の文脈でいうなら、帰る方向がかみ合わないため、誰と相乗りしても自分が単独でタクシーを使うときの料金がそのまま上乗せになるだけのメンバーを想像していただけばいい。このような人に分配される利益は0だということを意味するものである。メビウス反転に習熟すると、そりゃそうかも、とわかるのだが、深入りしないで次に進もう。

【性質4】 同じメンバーで行われる独立した別々の二つの協力ゲームgとhがあるとしよう。いま、メンバーたちの部分的なあるいは全員の提携によってゲームgの利益とゲームhの利益とが両方手に入るような第三のゲームを考えて、そのゲームをg＋hと書くことにする（同時にプレーして、両方の利益をいっぺんに得ることを想像すればいい）。このゲームg＋hに対する各人のシャプレー値は、個別のゲームgとh、それぞれに関するシャプレー値を合計したものとなる。

この性質は、今までの計算が（つまりメビウス反転の計算が）理解できている人なら、ほとんどあきらかだと思うことであろう。gとhに対して個々にメビウス反転を作ったあと加え合わせるのと、初めからg＋hを作っておいてメビウス反転を作るのとまったく同じ結果になる、ということだ。シャプレー値は以上4つの性質をもっていることがわかるが、おもしろいのはこの逆も成り立つ、ということなのだ。つまり、この4つの性質をすべて満たすような利益配分の方法は、シャプレー値による配分しかありえないことが証明されているのである。

もう一度、4つの性質を読み直してみよう。「共同利益を配分する」というシステムを考えるとき、この4つのルールにはほとんど強引なところ、恣意的なところが見あたらず、非常に自然な要請だと思えるのではなかろうか。けれども、このように自然な4つのルールを課すだけで、それはもうシャプレー値で配分するしか方法がなくなるのであるから、シャプレー値というのがいかに自然な配分であるかが理解できるだろう。協力ゲームの解は一般に、このような「ルール」＝「公理」を与えて、それらをすべて満たすものとして特徴づけられる。

数え上げの観点から見たシャプレー値

いま、シャプレー値が公理論的に整合性のある解であるとわかったのだが、整合性はそればかりではない。シャプレー値には別の解釈も可能なのである。それは第5章で解説した数え上げの観点からシャプレー値を解釈する、という方法だ。どうやるのか。

Aさんへの利益配分に注目して考えることにしよう。タクシー乗り場に、3人がまったくの偶然の順序で到着するものとする。すると到着順は順列となるので3!＝6通りの場合がある（170ページ参照)。だからどの順序で到着する確率も6分の1ということである。

このとき、到着順に提携に加わっていって全員提携が構成された、と考える。たとえば、B、A、Cの順で到着したとし、最後に全員提携が完成した場合に注目しよう。BさんがいるところへAさんが2番目に到着して、Bさんに「相乗りしましょうよ」と誘われる。Aさんが迷うとBさんが「あなたが加わることで得られる利益はあなたに全額あげます」といったとする。このときAに約束されるのは、$g(A, B)-g(B)$すなわち900円となる。そこでAさんは提携を約束する。最後にCが到着すると、すでに提携している2人が「いっしょに乗りましょうよ」と誘うので、キャスティングボート(決定票)を握るのはCであり、Aの交渉力はもうない。したがって、この順で到着するときのAの受け取りは900円であり、それが確率6分の1で起きると考えられるから、平均的には900÷6=150円分の利益をAにもたらすと考えるのが妥当だろう。

B、C、Aと到着した場合には、同じように、Aが3番目に到着したとき、$g(A, B, C)-g(B, C)$すなわち600円の配分を申し出られるから、その600円を6分の1にして、100円がAの平均的な利益配分となる。同様の計算を残りの4つの到着順序についても行うと、A、B、Cに対しては0円、A、C、Bに対しても0円、C、A、Bに対しては100円、C、B、Aに対しては100円となる。これらの確率的に平均化された6つの利益配分を加え合わせると、150+100+100+100=450円となるが、まさにこれこそがAさんの受け取るシャプレー値ではなかったか。

このように、シャプレー値による利益配分は、偶然の到着順序で交渉のキャスティングボートを握ることによって得られる利益を確率的に平均化したものと一致するのである。このように見るとますますシャプレー値が自然なものだと思えることだろう。

議会における政党のパワー

最後にもう一つ、シャプレー値の考え方の現実への応用例をあげよう。それは、国連安全保障理事会で常任理事国のもつパワーや国会での第一党のもつパワーを数値化することである。

いま、委員会で議決を行う場合、これを協力ゲームと見立てることにする。あるグループの全員が提携して投票すると議案が可決できるとき、その提携の利益は1であるとし、全員が投票しても可決できない場合の提携の利益は0であるとする。また、特別なプレーヤーAがおり、Aの賛成が得られなければ、いかなる案も可決することができないとしよう。これは国連安全保障理事会における常任理事国や、国会における絶対多数の第一党だと考えればいい。Aのことを「拒否権プレーヤー」と呼ぶ。つまり、Aを含まない提携の利益は0ということだ。

このような構造の協力ゲームにおいて、投票者の影響力を表すパワー指数をシャプレー値の考え方を用いて定義することができるのである。

まず、多数の議案がランダムに提案される状況を考える。そして、それらの議案に対する各プレーヤーの可決の意欲の強さはまちまちであるとし、提案された議案に対して、賛成の度合いの強い

自民（232）	0.7383	民主（130）	0.0376
公明（31）	0.0376	自由（22）	0.0376
共産（20）	0.0376	社民（19）	0.0376
21世紀ク（10）	0.0376	保守（7）	0.0239
無所属（9）	0.0014		

図6—14（カッコ内の数字は議員数であり、可決に必要な票数は241票である）

者から順に賛成票を投じると仮定する。議案がランダムに提案されることと、いろいろな議案に対するプレーヤーの意欲の強さの順位がさまざまにあることから、どの投票順も等確率で生じると考えていい。

1つの投票順に対して、その投票者が加わることで否決から可決に変わるような、いわばキャスティングボートを握ったプレーヤーのことを「ピボット」と呼ぶ。このとき、各プレーヤーのパワー指数を、「ピボットとなる確率」で定義するのである。このようなパワー指数は提案者であるシャプレーとマーティン・シュービックの名をつけたシャプレー・シュービックパワー指数と呼ばれる。

例をあげよう。3人のプレーヤーA、B、Cを投票者とし、Aを拒否権プレーヤーとするときの、賛成票を投じる投票順位は3! = 6通りある。それら6通りを列挙し、ピボットを強調すると次のようになる。

ABC　**A**CB　B**A**C　BC**A**　C**A**B　CB**A**

たとえば、最初の投票順の場合、Aの賛成だけでは過半数を得られず、Bがキャスティングボートを握っているので、Bがピボットである。また、4番目の投票順の場合、たとえBとCが賛成票を投じても拒否権をもつAの賛成がなければ可決はできないから、Aがピボットとなる、という次第だ。

するとAは6個のうち4個でピボットとなるので、シャプレー・シュービックパワー指数は6分の4（=3分の2）となり、BとCのシャプレー・シュービックパワー指数はともに6分の1となる。つまり、3人のプレーヤーの場合には、拒否権プレーヤーはほかのプレーヤーに対して4倍の影響力をもっている、と計測されるわけである。

この順列を考えて、確率を計算する方法は、まさにシャプレー値のものと同じであることはすぐわかることと思う。国連や国会の議決という政治的な世界にも、このような数理的な考え方を導入できる、というのはなかなか興味深いことであろう。

本章のしめくくりにあたって、船木由喜彦の『エコノミックゲームセオリー』に載っている、2000年6月の衆議院選挙の結果からできあがった衆議院における党派別のシャプレー・シュービックパワー指数（2000年7月19日付）を引用しておくこととしよう[22]（図6—14）。

参考文献

（1）http://www.j-wave.co.jp/original/growingreed/（２００６年6月現在）
（2）ユーリ・チェルニャーク、ロバート・ローズ『ミンスクのにわとり』原辰次・岩崎徹也訳、翔泳社、１９９６年
（3）スティーヴン・W・ホーキング『ホーキング、宇宙を語る――ビッグバンからブラックホールまで』林一訳、ハヤカワ文庫NF、１９９５年
（4）E・T・ベル『数学をつくった人びと（Ⅰ～Ⅲ）』田中勇・銀林浩訳、ハヤカワ文庫、２００３年
（5）小島寛之『数学の遺伝子』日本実業出版社、２００３年
（6）柴田弘文『環境経済学』東洋経済新報社、２００２年
（7）小島寛之『エコロジストのための経済学』東洋経済新報社、２００６年
（8）朝永振一郎『物理学とは何だろうか（上）』岩波新書、１９７９年
（9）松下貢『フラクタルの物理（Ⅰ）基礎編』裳華房、２００２年
（10）K・ファルコナー『フラクタル幾何学の技法』大鑄史男・小和田正訳、シュプリンガー・フェアラーク東京、２００２年
（11）芦原義信『隠れた秩序』中央公論新社、１９８６年
（12）Scheinkman, J. A. and Woodford, M. "Self-Organized Criticality and Economic Fluctuations", *American Economic Review*, 84, pp. 417–421, 1994.

(13) ポール・クルーグマン『自己組織化の経済学』北村行伸・妹尾美起訳　東洋経済新報社、1997年
(14) N・グレゴリー・マンキュー『マクロ経済学Ⅱ』足立英之・地主敏樹・中谷武・柳川隆訳　東洋経済新報社、1996年
(15) 福田慎一・照山博司『マクロ経済学・入門』有斐閣アルマ、1996年
(16) デビッド・ローマー『上級マクロ経済学』堀雅博・南条隆・岩成博夫訳、日本評論社、1998年
(17) 岩田規久男・宮川努編『失われた10年の真因は何か』東洋経済新報社、2003年
(18) 小出昭一郎『エントロピー』物理学ワンポイント1、共立出版、1979年
(19) 樋口美雄「大学教育と所得分配」石川経夫編『日本の所得と富の分配』東京大学出版会、1994年
(20) 芹沢正三『素数入門』講談社ブルーバックス、2002年
(21) 小島寛之『文系のための数学教室』講談社現代新書、2004年
(22) 船木由喜彦『エコノミックゲームセオリー――協力ゲームの応用』SGCライブラリ11、サイエンス社、2001年

あとがき——算数との再会

ぼくが算数のおもしろさに最初に目覚めたのは、小学校4年か5年で「植木算」を習ったときだったと記憶している。植木算の原理とは、「植木の本数よりあいだの数のほうが1つ少ない」というしごく単純なものだったが、ぼくは初めて自然の摂理を知ったかのように興奮し、下校の道すがら、桜並木で木の本数とあいだの数を数えて歩いた。算数が、具体的に世界のなかで確認できることは、ぼくにとって驚きそのものだった。

しかし、本格的に算数を好きになったのは、もうちょっと後で、小学校6年生のときだと思う。それは、担任の先生の影響が大きい。先生は、答えだけでなく、それを導出するプロセスも重んじる人だった。それで、生徒を黒板の前に立たせて、「どうやってその答えを出したか」を論じさせた。たぶんぼくは、目立つことに快感を覚えたのだと思う。とにかく、人前で何かを論じたい一心で、ぼくは算数の問題を解くことに躍起になった。後で知ったことだが、中学受験をした子供がクラスに数人いたようだったから、彼らにとってお茶の子さいさいな問題の答えを、意気揚々と発表しているぼくの姿に、彼らがいかに冷ややかな視線を送っていたかと想像して、顔から火が出る思いだった。

このように小学生のときは算数を好きだったが、中学生になって方程式を習ったときの爽快感のほうが強烈だった。それまで各論的に理解していた算数の解法が無用になり、問題のシチュエーションを方程式に翻訳すれば決まった代数操作で必ず解けてしまう、という仕組みには舌を巻いた。それ以来、ぼくはどこか心の片隅で算数をばかにする気持ちがあったように思う。それは後に数学教育者になっても変わらず、長い教員経験のなかで算数について再検討をしたことは一度もなかった。それこそつい最近まで、算数が人生にとって大切なものだ、などとみじんも思わなかったのである。

そんなとき、本書の編集者大場旦氏にこの本の企画を持ち出された。するとその瞬間、頭のなかで火花が散るのを感じた。さきほどは「みじんも思わなかった」と書いたが、水面下ではある種の意識変化がじわじわ進行していて、その意識変化が、編集者のことばをきっかけに、脳の爆薬庫に飛び火したのである。

ぼくは現在、数学教育者を経て経済学者を職業としている。実は、経済学の研究をしながら、自分の頭の「構造改革」の必要性をひしひしと感じてきていた。それは簡単にいうと、「世界に起きるできごとを数理的な直感でとらえる」ことの必要性であった。ここでいう「数理的な直感でとらえる」の意味を理解していただくために、対立概念をあげよう。それは「数理的な記号操作をすること」である。もっとひらたくいうなら、前者は「算数的に世界を見つめること」であり、後者は「方程式的に世界を解くこと」だ。ぼくは、自分の頭を、後者から前者へ切り替えなければいけない必要性を切実に感じるようになってきていたのだった。

経済学を研究してきて、あるいはそのために必要な工学や物理学や統計学を勉強してきて、一番大事だと実感したのは、「ものごとを素朴にプリミティブに理解する」ということだ。これらの分野の代表的な結果を理解する上で、それがどう記号表現されていてどういう数理操作でその法則が証明されているか、そういう（文字面《づら》ならぬ）「数式面《づら》」をいくら睨《にら》んでも、けっして血肉になるようなことはわからない。「数理的な記号操作をすること」は、考えを緻密にまとめる上では大切だが、何かを本質的に理解することには役に立たない。本質的に理解するためには、「それが要するにどういう発想なのか」を、とことん自分のなかでかみくだいて、単純化して、できるだけ身の回りにあるような感覚や人生観に引きつけて、その上で理解する、そういう作業が大事なのだというこことが身にしみてわかってきたのである。これをひとことでいうと、まさしく「ものごとを素朴にプリミティブに理解する」ということになる。そして、頭のなかで爆発が起こってみてわかったのは、それこそが「算数の発想」ではないか、ということだった。

大場氏からの本書の依頼は、まさにぼくの意識転換の過程と軌を一にしていたのであった。ぼくはこうして、算数との再会を果たしたのだった。

「再会」といえばもう一つある。

実は、ぼくが共同研究者たちと書いた現時点（２００６年5月時点）での最新論文は、第6章で解説したシャプレー値を発展させたものである。それはメビウス反転公式を存分に利用する研究となっている。また他方、ぼくはＮＨＫブックスの前著『確率的発想法』では、非加法的確率論というものを紹介した（こちらも読んでいただけると嬉しい）。この確率理論は、人が迷ったり逡巡《しゅんじゅん》したりする気持ちを数理化した大変興味深い理論だといえる。実はこの理論でもメビウス反転公式が重要な役割を果たすのである。メビウス反転公式は、シャプレー値と非加法的確率論との境界をまたにかけた道具なのだ。このメビウス反転公式とのあいだでこそ、もう一つの「再会」があったのである。どういうことか。

ぼくは若い頃には数学者を志していた。それは実現されず挫折に終わったのだが、そこで研究したいと思っていたのは、整数論という分野であった。整数論というのは、素数や「べき乗数」などに関するさまざまな予想を解明していくものである。この整数論において、メビウス関数は非常に重要な道具だったのだ。それに取り組んでいたのは、もうずいぶん昔、ぼくの青春時代の話である。まさかそのメビウス反転公式と経済学の研究で再会するとは夢にも思わなかった。しかも、そこで扱っているのは、人が人生のままならなさのなかでどうふるまうかとか、発生した共同利益をどう分け合うか、といったまことに生々《なまなま》しい話なのである。

人生とはまったく不思議なものだ。挫折したとはいえ一度は勉強したことが、めぐりめぐって何十年もしてから自分の武器となるのである。これだから何事も無駄だと思ってはならない。

算数についてもまったく同じである。一度卒業したはずの算数と、また本書の執筆でめぐりあうことになった。いま胸にあるのは、「懐かしさ」などという感情ではまったくなく、むしろ、算数の再検討が、自分の次なる研究に具体的に活きてくるのではないか、そういうドキドキ感である。

本書を書くにあたって、東大物性研究所・助教授の加藤岳生氏に大変お世話になった。いつもながら感謝の念に堪えない。物理に関する知識はほとんど氏に教授していただいたものであるが、文章化する上で勝手に表現を変えた部分も多く、間違いがあればすべて筆者の責任であることはいうまでもない。

また、前著に引き続いて、今回も企画から編集までNHK出版の大場氏に担当していただいた。このようなエキサイティングな仕事を続けてできる幸せは、すべて大場さんのおかげである。最後に、刊行にあたってお手伝いいただいた井本光俊さんと五十嵐広美さんにもお礼を述べたい。

二〇〇六年五月

小島寛之

小島寛之――こじま・ひろゆき

●1958年東京都生まれ。東京大学理学部数学科卒。同大学院経済学研究科博士課程修了。現在、帝京大学経済学部経済学科教授。経済学博士。専攻は数理経済学。数学エッセイスト。

●著書に、『サイバー経済学』（集英社新書）、『確率的発想法』（NHKブックス）、『MBAミクロ経済学』（日経BP社）、『文系のための数学教室』（講談社現代新書）、『使える！ 確率的思考』『使える！ 経済学の考え方』（ちくま新書）、『エコロジストのための経済学』（東洋経済新報社）、『数学的思考の技術』（ベスト新書）など。

NHKブックス［1060］

算数の発想 人間関係から宇宙の謎まで

2006（平成18）年6月30日 第1刷発行
2011（平成23）年12月15日 第6刷発行

著　者 小島寛之

発行者 溝口明秀

発行所 NHK出版

東京都渋谷区宇田川町41-1 郵便番号150-8081
電話 03-3780-3317（編集）0570-000-321（販売）
ホームページ http://www.nhk-book.co.jp
携帯電話サイト http://www.nhk-book-k.jp
振替 00110-1-49701

［印刷］亨有堂印刷所 ［製本］二葉製本 ［装幀］倉田明典

落丁本・乱丁本はお取り替えいたします。
定価はカバーに表示してあります。
ISBN978-4-14-091060-3 C1341